우리, 마당 있는 집으로 가자

우리, 마당 있는 집으로 가자

초판 1쇄 발행   2021년 12월 20일

지은이   박상민

펴낸 곳   잇 콘
발행인   록 산
편 집   박진영
디자인   design86
마케팅   프랭크, 릴리제이, 감성 홍피디, 호예든
경영지원   유정은
출판등록   2019년 2월 7일 제25100-2019-000022호
주소   경기도 용인시 기흥구 동백중앙로 191
팩스   02-6919-1886

©박상민, 2021

ISBN   979 - 11 - 90877 - 49 - 7   13540
책값   15,000원

지방아파트 한 채 값으로 200평짜리 집짓기에 도전한 젊은 아빠 이야기

우리, 마당 있는
집으로 가자

박상민 지음

잇콘

프롤로그

어릴 때는 단독주택에서 살았다. 푸르른 잔디가 있거나 때맞춰 꽃이 만개하며 계절의 변화를 느낄 수 있는 좋은 집은 아니었지만 적어도 내가 어릴 때는 층간소음 걱정 없이 마음껏 뛰놀 수 있었다. 그러던 내가 결혼하면서부터 아파트 생활을 했다. 얼마 안 되어 큰아이가 태어났고 이어서 둘째, 셋째가 태어나면서 주거환경에 대한 고민이 많아졌다.

내게 집은 단순히 잠만 자는 곳이 아니라 온 가족이 편히 쉬면서 함께 모여 웃고 떠들 수 있는 공간이었지만 나의 이상적인 꿈은 층간소음 때문에 망가졌다. 아이들이 조금만 발을 굴러도 내 안에 있는 악마가 불쑥 불쑥 튀어나와 "뛰지 마!"라고 소리쳤다. 행복해지자고 선택한 가정에서 악마 아빠가 되어가고 있으니 아이들과의 관계는 나빠지고 아내와의 관계도 소원해졌다. 나도 그것이 좋지는 않았기에 아내가 마당 있는 집으로 이사가자고 했을 때 적극적으로 나선 것인지도 모른다.

그러나 나의 적극적인 마음과 달리 마땅한 단독주택을 찾기가 어려웠다. 가격이 적당하면 집 상태가 별로였고 집 상태가 좋으면 가격이 비쌌다. 주택마다 각각의 장·단점이 너무 다양해 이 정도 가격이라면 무엇을 포기해도 괜찮을지, 무엇만큼은 포기할 수 없는지를 결정할 수가 없었다. 만족스러운 집에 대한 우리 부부의 기준이 없었기 때문이다. 어떤 집을 선택할지 고민하다가 결국 우리 부부는 우리가 꿈꾸었던 집을 지어보자는 결론에 이르렀다.

집짓기는 결코 쉬운 여정이 아니었다. 건축을 전공하지도 않았고 건축업에 종사하지도 않았던 내가 집을 짓겠다고 마음은 먹었지만 무엇부터 시작해야 할지 몰라 막막했다. 그때부터 건축 관련 책을 읽고 블로그와 카페를 뒤져보며 건축주들이 직접 집을 지은 이야기를 모으기 시작했다. 그리고 그 정보를 바탕으로 직접 실천해본 것을 나만의 방법으로 기록하기 시작했다.

그 기록을 엮은 책이 바로 『우리, 마당 있는 집으로 가자』다. 이 책은 우리 가족이 전원주택으로 이사가는 것을 결심하면서부터 입주 후의 생활까지 모든 과정을 담았다. 우리 부부가 왜 주택으로 이사가기로 결심했는지, 아내와 어떻게 집을 만들자고 구상했는지, 설계는 어떻게 했고 시공은 어떻게 했는지, 업체와의 계약이나 현장관리는 어떻게 했는지, 각 공종별로 신경써야 할 부분은 무엇인지 등 내가 직접 현장에서 겪고 느낀 것들을 이야기했다. 그리고 단독주택에 살면서 느낀 나만의 이야기도 담았다. 좋은 이야기만 있는 것은 아니고 불편하거나 아쉬운 점까지 솔직히 털어놓았다.

건축 비전공자이면서 집짓는 이야기를 책으로 펴낸 이유는 그 과정을 보통사람의 눈높이에 맞춰 세세하고 솔직히 설명하기 위해서다. 이 책이 단독주택살이에 대해 막연한 꿈만 갖고 계셨던 분들에게 조금이나마 도움이 되길 바란다.

박상민 드림

3부

이제 진짜로 내 집을 지어보자

4부
준공과 입주

1부

우리,
마당 있는
집으로
이사 가자

아파트에는 '악마 아빠'가 산다

"아빠, 우리 수영하면 안돼?"

아침에 눈을 뜨자마자 아이들이 물놀이를 준비 중이다. 아빠의 허락이 떨어지기만 기다리다가 "가서 놀아"라는 한 마디에 입고 있던 옷을 벗어던지고 팬티 바람으로 마당의 수영장으로 뛰어나간다. 아이들은 여름방학 동안 하루에 세 번씩이나 물놀이를 했는데도 지루하거나 전혀 싫증나지 않는가 보다.

나도 물놀이를 좋아했다. 몇 살 때였는지 기억나진 않지만 튜브를 타고 다슬기를 잡고 닭백숙을 먹던 기억이 생생하다. 어릴 때 재밌게 놀았던 추억이 있어 매년 계곡이나 바다로 물놀이를 갔는데 마당이 생긴 후로는 더 이상 그럴 필요가 사라졌다. 여름철 무더위를 피하기 위해 아침부터 물놀이용품, 옷, 간식을 준비하느라 분주히 움직일 필요도 사라졌고 집으로 돌아온 후에는 뒷정리할 일도 없어졌다. 아이들과 계곡과 바다로 여행을 다니면서 느꼈던 수고스러움이 마당에 수영장을 설치한 후로 사라진 것이다.

더구나 앞마당 수영장은 날씨의 영향도 받지 않는다. 오히려 비를 맞아가며 물놀이하면 더 재밌어한다. 이런 장소가 문만 열면 언제든지 준비되어 있다. 우리 집 앞마당이 바로 바다이고 계곡이다.

코로나19 때문에 여행도 마음대로 못 가는 시국에 앞마당은 최고의 피서지가 되었다. 마스크 없이도 물놀이를 할 수 있고 배고프면 무농약으로 재배한 방울토마토를 따먹을 수도 있다. 캠핑장처럼 야외에서 고기를 구워 먹고 라면도 끓여 먹는다. 이런 공간이 내 집 안에 있다.

이윽고 아이들은 슬슬 배가 고프다며 밖으로 나온다. 수건으로 몸을 닦아주고 입었던 팬티를 세탁기에 넣으면 아침 물놀이가 끝난다. 모든 것이 간편한 앞마당 수영장. "아빠, 수영하면 안돼?"라는 아이들의 질문에 내 대답은 언제나 똑같다.

"마음껏 놀아."

계속 이렇게 살아도 될까

아이가 태어나기 전에는 세상에서 가장 착한 아빠가 될 것으로 생각했다. 울고 떼쓰고 투정부려도 싫은 내색 없이 받아줄 수 있는, 언제나 아이 편인 아빠가 될 수 있으리라 생각했다. 하지만 아이가 커갈수록 '천사 아빠'보다 '악마 아빠'가 되었다.

나를 악마 아빠로 만든 주요 원인 중 하나는 층간소음이었다. 내가 보기에는 아이들이 심하게 뛰지도 않았는데 아래층에서 시끄럽다며 초인종을 누른다. "아이들이 많이 뛰는데 조용히 좀 해주세요." 잘 타이르겠다며 이웃 주민에게 굽신거리며 사과한 후 아이들에게 뛰지 말라고 시킨다. 하지만 그런다고 안 뛸까? 아이들은 언제 아래층에서 올라왔냐는 듯 다시 뛰기 시작한다. 그 모습을 바라보는 내 안에 있는 악마 아빠가 소리친다.

"뛰지 마!"

아래층에서 몇 번 올라온 후로 방문을 살살 닫고 의자는 끌지 않고 큰소리로 대화도 하지 못했다. 층간소음 때문에 생활에서 자유가 사라졌고 시간이 갈수록 내 안에 스트레스가 쌓이기 시작했다. 문제는 이 스트레스를 해소할 곳이 없다는 것이었다. 결국 내면의 화는 아이들에게 분출될 수밖에 없었다.

아이들은 뛰어놀아야 한다고 생각하면서도 정작 집에서는 뛰지 못하

주택으로 이사 가자.

게 했다. 이런 주거 환경에 만족하고 살아야 할까? 하지만 아파트 외에는 대안이 없었기에 뛰는 아이들에게 소리만 질렀다. 아이들에게 소리치는 나를 나무라는 아내와 양육방식에서 오는 차이로 하루가 멀다하고 싸웠다.

행복하게 살아도 부족한 시간을 우리 부부는 잦은 다툼으로 쓸데없는 감정을 많이 소비했고 서로에 대한 사랑과 이해심도 줄어갔다. 시간이 갈수록 집안 분위기는 나빠졌고 우리 가족에게는 변화가 필요했다.

마당 있는 집으로 이사 가자

잦은 다툼으로 서로를 미워하는 감정의 골이 깊어가던 어느 날 아내가 말을 꺼냈다.

"여보, 나 셋째 임신했어."

아내가 울먹이며 꺼낸 한 마디에 순간 내 머릿속은 하얘졌다. 가족계획은 아이 둘이었고 둘째가 어린이집에 다니기 시작하면서 맞벌이로 안정된 일상을 만들어 놓은 지 얼마 안 된 시점이었다. 앞으로는 욕심 부리지 말고 열심히 일하면 먹고 사는 것을 걱정할 필요없는 평범한 가정이 될 것으로 생각하던 차에 막둥이가 생긴 것이다.

'낳아야 할까?'

되돌아보면 천벌받을 생각이지만 당시는 그만큼 큰 고민거리였다. 결혼 6년차 맞벌이 부부에게 아이가 새로 생긴다는 것은 루틴의 일상을 완전히 바꾸고 안정적인 생활에 새로운 변화를 주어야 하는 것이어서 현실을 받아들이기 쉽지 않았다. 그렇다고 우리에게 찾아온 새로운 생명을 인위적으로 포기하고 싶지도 않았다. 아내와 깊이 고민한 끝에 가족계획을 네 명에서 다섯 명으로 수정했다.

아이가 생겼을 때 기쁘지 못했던 마음이 커서였을까? 처음에 못된 생각을 해서인지 배 속 아이에 대한 관심이 다른 두 아이를 임신했을 때보다 컸다. 사실 큰아이와 작은아이를 임신했을 때는 우리 가족의 행복에 대해 진지하게 생각할 여유가 없었다. 큰아이 임신 때 아내는 출산

일주일 전까지 출근했고 나도 120km가 넘는 거리를 매일 출·퇴근하며 지쳐 있었다. 하지만 막둥이를 임신했을 때는 상황이 조금 달랐다. 아내는 출산 한 달 전부터 출산휴가를 써가며 장기 육아휴직에 대비했고 나는 왕복 20km만 출·퇴근하면 되었기에 배 속 아이에게 온전히 집중할 수 있었다. 시간적으로 여유가 생기다 보니 생각도 많이 달라졌다.

셋째가 태어났고 우리 부부, 다섯 살, 세 살 그리고 신생아, 우리 가족은 다섯이 되었다. 다둥이 가정으로 일상을 보내던 어느날 아내가 "우리, 마당 있는 집으로 이사 가자"라고 했다. 아내는 고향이 전북 고창 시골 마을이어서 자연에 대한 그리움과 동경이 컸다. 앞마당에서 학교에 간 언니 오빠를 기다리며 바라보던 노을을 지금도 기억하고 여름철 매미 소리와 가을철 귀뚜라미 소리, 아침에 지저귀는 까치와 참새 소리가 아직도 귓가에 맴돌고 있다고 했다. 아내는 어린 시절 느꼈던 자연의 감정들을 아이들에게도 알려주고 싶어했다.

김정운 작가는 책 『바닷가 작업실에서는 전혀 다른 시간이 흐른다』에서 우리는 어릴 때 관심을 가졌던 것으로 돌아간다고 했다. 아내가 마당이 있는 집으로 이사 가고 싶어하는 이유가 어릴 적 추억 속에서 우리 가족의 행복을 보았기 때문이다. 그래서 마당이 있는 집으로 이사 가자는 말에 나도 우리 가족의 행복을 그려보았다. 마당과 울타리가 있는 집에서 살았던 경험이 훗날 아이들이 성장했을 때 고단한 일상을 지탱해주는 정신적 고향이 될 것이라고 확신했다.

마당이 있는 집에서 아이들이 뛰놀 모습을 상상하니 주거지 선택 기

매년 1월 1일에는 가족사진을 찍는다.

준이 분명해졌다. 눈과 비가 내리는 풍경을 즐길 수 있는 집, 사계절 변화를 실시간으로 느낄 수 있는 집, 문만 열면 언제든지 나갈 수 있는 앞마당이 있고 우리 집에 찾아오는 새를 구경하며 우리 손으로 직접 가꾼 텃밭에서 자란 채소를 먹으며 앞마당에 핀 꽃과 나무를 볼 수 있는 집. 아이들이 자연을 알아가며 살도록 해주고 싶었다.

아이들이 달라지다

아이들과 앞마당에서 놀다 보면 단독주택으로의 이사 결정을 잘했다는 것이 느껴진다. 이 집으로 이사 온 후 아이들의 행동은 아파트에서 하던 것과 많이 달라졌다. 특히 TV 그만 보라는 소리, 장난감 치우라는 소리는 더 이상 들리지 않는다. 아파트에 살 때는 TV 시청, 장난감 놀이는 어쩔 수 없는 선택이었다. 하지만 장시간 TV를 시청하는 아이들이 바보가 될 것만 같은 불안감에 그만 보게 하면 떼를 쓰며 울었다. 우는 아이를 겨우 달래 장난감을 갖고 놀게 하면 거실은 장난감으로 가득 찼고 그 뒷정리는 항상 내 몫이었다.

이사 올 때 TV를 없애고 장난감은 다락방으로 옮겼다. 거실에서 TV와 장난감이 사라지자 아이들은 색연필로 그림을 그리기 시작했다. 아파트에 살 때도 그림은 그렸지만 책이나 TV에서 본 것을 바탕으로 상상 속에서 그려야 했다. 그런데 이 집에서는 문밖에만 나가면 마당이 있으니 그림의 풍경 자체가 달라졌다. 장밋빛이 다양해졌고 나무 모양도 제각각 다르게 그리기 시작했다. 그림을 그리기 위해 마당에 나가는 경우가 늘었고 놀이 공간은 집안에서 집밖으로 자연스럽게 옮겨졌다.

여기서는 TV, 장난감, 유튜브 대신 그림을 그리거나 집안 곳곳을 뛰어다니며 숨바꼭질과 술래잡기를 한다. 아파트에서 살 때의 "뛰지 마"라는 잔소리는 더 이상 안 해도 되니 나도 정신적으로 편해졌다. 그뿐만 아니라 아파트에 살 때는 아이 셋을 데리고 산책하는 것조차 힘들었는데 주택으로 이사 온 후로는 하원 후 집에 들어오는 길에 마을을 돌며 산책을 할 수 있다. 마을을 산책하면서 계절의 변화도 느낄 수 있다. 이웃집 정원도 구경하고 길가에 핀 꽃들의 변화를 매일 관찰하며 자연을 느끼기 시작했다. 이렇게 자연의 변화를 관찰하는 것을 아이들은 전혀 싫어하지 않았다. 자연에서 뛰놀며 아이들이 조금씩 달라졌다는 것을 나만 느낀 것은 아니다.

하루는 큰아이 선생님이 이런 말씀을 하셨다.
"아이가 처음 왔을 때보다 훨씬 밝아졌어요."
그 말을 들으니 마음 한구석을 짓누르던 돌덩이 같은 것이 쑥 내려가는 느낌이었다. 사실 유치원을 시골 병설 유치원으로 옮긴 후로 아이가 적응을 못하는 것 같았다. 하원 후에는 피곤하다며 짜증을 내고 동생들과도 많이 싸웠다. '단독주택에서 살고 싶다는 부모의 욕심이 아이에게 독이 된 걸까?'라는 미안함도 있었지만 내가 할 수 있는 일은 아이가 하루빨리 적응하길 기다리는 것뿐이었다. 그런 고민을 하던 중에 아이가 밝아졌다니 기쁘지 않을 수 없었다.

아이가 밝아진 이유는 너무나 분명했다. 콘크리트 벽으로 막힌 공간이 아닌 넓은 운동장에서 흙놀이하고 술래잡기하며 뛰노는 자유로움 덕분이었다. 마음껏 뛰노는 것만큼 아이들에게 소중한 것도 없다고 생각해 선택한 생활이어서 선생님의 말씀에 내 선택이 옳았다고 확신하게 되었다. 내게 집은 단순히 밥해먹고 잠자는 공간이 아니길 바랐다. 집이라는 공간에서 아이들과 함께 놀고 웃으며 많은 추억을 쌓고 싶었다. 많은 추억을 쌓기 위해서는 함께 즐겁게 놀아야 하기에 선택한 곳

이 단독주택이었다.

자유를 얻은 아이들의 입에서는 울음 대신 웃음소리가 많아졌다. 웃음소리가 많이 들리는, 사람 사는 집이 되었다. 아이들의 울음소리가 줄어드니 부모는 목소리도 차분해지고 온순해졌다. 부정적 에너지로 가득했던 나는 긍정의 에너지를 갖게 되었고 아내는 바라던 주택생활에 만족했다. 햇살 가득한 평화로운 앞마당처럼 우리 가족도 평화를 되찾았다.

고쳐서 살까? 지어서 살까?

처음부터 직접 집을 지을 생각은 아니었다. 처음에는 마음에 드는 집을 찾아 매수할 계획이었다. 아내와 나는 단독주택으로 이사하자는 데는 이견이 없었지만 문제는 항상 돈이었다. 우리 부부는 남의 돈은 갖다 쓰면 안 된다고 배웠기 때문에 아파트를 처음 구매할 때도 악착같이 저축한 돈으로 대출 없이 샀다.

주택으로 이사 가기로 결심했을 때도 처음에는 대출 없이 이사 갈 수 있는 곳을 알아보았다. 하지만 우리가 가진 돈으로는 위치도 안 좋고 향도 나쁘고 햇빛도 잘 안 드는 집들뿐이었다. 상태가 나쁜데도 단독주택이라는 이유만으로 무조건 선택할 수는 없는 노릇이었다. 우리는 아내의 오랜 소망을 이뤄주고 아이들의 정신적 고향이 될 집을 찾고 있으니 말이다.

결국 더 나은 환경의 집을 구하기 위해 대출을 받기로 했다. 대출상담을 통해 원리금과 이자를 계산해보며 우리가 확보할 수 있는 돈을 합해보니 그동안 돈 때문에 포기했던 집들까지 허용 범위에 들어오며 선택의 폭이 넓어졌다. 하지만 선택하기는 더 까다로워졌다. 아이들 통학 문제, 치안 상태, 출·퇴근 거리 등 다른 조건들까지 감안하니 확 끌리는 집이 없었다. 며칠 동안 발품을 팔았는데도 마땅한 곳이 없자 '차라리 이 돈으로 내가 직접 지어볼까?'라는 생각이 들었다.

이전 직장인 플랜트 회사에서는 공사현장에서 기계공사 감독으로 근무했다. 당시는 시공내역서 작성, 계약, 자재발주, 공정 및 예산관리 등의 전반적인 현장관리를 직접 해보았기 때문에 집 지을 생각을 했을 때는 못할 것도 없다고 느꼈다. 그래서 집 지을 만한 땅을 알아보기 시작했고 그렇게 찾은 곳이 현재 우리가 사는 집이다.

지금 사는 집을 직접 지었다고 말할 때 가장 많이 받는 질문은 "집 짓는 데 얼마 들었어요?"였다. 집 짓기에 관심이 많은 분들은 더 구체적으로 묻기도 한다.
"목조주택은 평당 500만 원, 콘크리트 주택은 평당 600만 원 정도 든다던데 정말이에요?"
"직영으로 공사하면 적게 든다던데 맞아요?"

사실 집을 짓기로 결심은 했지만 처음부터 직영공사(건축주가 시공사와 계약하지 않고 인력, 자재 등을 직접 조달해 시공하는 공사)를 하려던 것은 아니었다. 공사감독으로 일해보았기에 현장관리의 어려움을 누구보다 잘 알고 있었고 회사를 다니면서 우리 집도 같이 돌볼 여유가 없다는 것도 누구보다 잘 알고 있었다. 그래서 처음부터 설계도면을 완성하고 그것을 시공해줄 업체를 찾아 계약하려고 했다. 하지만 돈이라는 현실 앞에서 내 뜻대로 할 수가 없었다.

뒤에서 자세히 설명하겠지만 우리 부부는 5개월 동안 고민에 고민을 거듭하며 신중히 설계도면을 완성했다. 그래서 이 소중한 설계도면이 완성되자마자 시공사를 찾았고 100장이 넘는 도면을 두고 많은 이야기를 나누었다. 하지만 시공견적서를 받아들었을 때 망연자실할 수밖에 없었다. '콘크리트 주택은 평당 600만 원이라고 해서 예산을 잡았는데 왜 900만 원으로 계산되어 있을까?' 여기에 조경, 인·허가 비용, 세금 등은 포함되어 있지 않아 입주하는 데 더 많은 돈이 필요했다. 하지만 우리에게는 그만한 돈이 없었다.

시공견적을 받은 날 설계를 도와준 건축사를 찾아갔다. 5개월 동안 고생하며 만든 설계도면이지만 우리가 가진 돈으로는 그대로 시공할 수가 없어 해결책을 찾아야만 했다. 콘크리트 구조에서 목조 구조로 바꿔보고 자재품질도 낮춰보고 시공 공법도 바꿔보았다. 하지만 평당 900만 원인 시공비가 600만 원으로 줄어들 리는 만무했다. '단독주택을 포기하고 이 땅을 되팔아야 하나?'라는 고민까지 하게 되었다. 하지만 설계에 쏟아부은 시간과 노력이 아까웠다. 아내와 밤늦게까지 상상하고 이야기 나누며 계획한 공간을 돈 때문에 포기해야 한다니 너무 안타까웠다. 다른 시공사를 찾아가보기에는 알고 있는 믿을 만한 시공사가 없었다. '설계를 처음부터 저렴하게 다시 시작할까?' 그러기에는 다시 고민할 엄두가 안 났다. 돈만 많으면 아무 걱정 없었을 텐데 며칠씩이나 고민할 수밖에 없는 현실이 야속했다.

사실 내게는 건설업을 하시는 큰아버지가 계시다. 처음부터 도움을 요청했다면 더 쉽게 일을 진행할 수도 있었겠지만 가능하면 지인의 도움을 받지 않으려고 했다. 아는 사람이 잘해주실 테니 좋을 수도 있지만 내가 생각한 것과 다르게 시공되어 있으면 아쉬운 소리하기가 더 힘들 것 같았기 때문이다. 하지만 지금은 시공이 다르게 되는 정도가 아니라 아예 시공조차 할 수 없는 상황이다. 이럴 때 '지인 찬스'를 포기한다면 어리석은 짓이었다.

큰아버지께 견적액을 말씀드렸더니 놀라셨다. 현장 실정에 밝아서인지 900만 원은 말도 안 되는 가격이라며 업체를 끼지 말고 차라리 직접 사람을 쓰는 직영공사를 해볼 것을 권하셨다. 그러면서 직영공사 과정을 대략적으로 알려주셨다. 큰아버지와 대화를 나누면서 사라질 뻔한 설계도면이 되살아날 희망이 보였다. 돈 때문에 포기해야 했던 집이었는데 내가 가진 돈으로 공사가 가능하다는 희망이 보였다. 우리가 꿈꾸던 집을 지을 방법은 직영공사뿐이었다.

이 책에 담은 내용이 바로 직영공사에 대한 기록이다. 처음부터 끝까지 하나도 쉬운 일은 없었지만 혹시 우리 부부처럼 직접 집을 짓는 꿈을 꾸는 분이 계시다면 우리가 겪은 시행착오를 최소화하길 바라는 마음에서 이 책을 쓰게 되었다.

겨울왕국으로 이사 오던 날

준공허가가 나고 이 집으로 이사 오던 날을 잊을 수가 없다. 2월에 이사했는데 그해에는 한겨울에도 눈이 거의 안 내리다가 하필 이삿날 폭설이 내렸다.

땅 구매에 1개월, 설계에 5개월, 시공에 147일. 땅을 매입하고 1년 넘게 집을 지었고 준공허가까지 나면서 이사만 하면 모든 것이 끝이었다. 설계할 때는 빨리 시공하고 싶었고 시공할 때는 빨리 준공하고 싶었고 준공신청을 했을 때는 빨리 이사하고 싶었다. 그래서 준공서류를 준비하기 전부터 준공허가가 빨리 나도록 도와달라며 건축사를 들볶았고 준공 신청서류를 접수한 날 몇 번이나 건축사에게 언제 준공허가가 나는지 물어보며 준공허가가 나길 기다렸다.

준공신청 접수는 2월 11일에 했다. 준공허가가 나고 이삿짐센터와 계약해 이사를 하면 되지만 2월은 이사 성수기여서 이삿짐센터 섭외가 어려워 마음이 조급해졌다. 하지만 준공에 무슨 일이 생기면 이사를 할 수 없었기에 준공허가가 나기만 기다릴 수밖에 없었다. 한편으로는 준공허가가 나자마자 이사할 수 있도록 이삿짐센터를 알아보았는데 최소 한 달 이상 기다려야 했다. 즉 이미 완성된 집을 한 달 동안이나 비워야 한다는 것인데 이미 마음은 단독주택에 가 있어 2월에 가능한 업체를 계속 찾아다녀야 했다. 그렇게 이삿짐센터를 알아보던 다음 날 건축사로부터 연락이 왔다.

"준공허가가 났습니다."

이사 준비가 안 된 상태에서 갑작스러운 승인으로 마음이 급해졌다. 이삿짐센터를 다시 알아보는데 신기하게도 이사가 불확실할 때는 없던 업체가 17일에는 가능하다며 견적을 내주었다. 업체에서 짐을 확인한 후 계약서를 작성하자마자 계약금을 입금했다.

"드디어 단독주택으로 이사 가는구나!"

계약금을 입금하고 단독주택 생활에 대한 기대감에 흥분을 감출 수 없었다. 지난 1년 동안 고생한 아내와 아이들과 온종일 신났는데 문득 일기예보를 확인한 나는 느낌이 싸해졌다.

'폭설'.

그 해 겨울에 거의 내리지 않던 눈이 하필 이삿날 내리고 더구나 폭설이라니…. 하지만 눈 때문에 이사를 미루고 싶진 않았다. 아파트에서 짐을 내릴 때만 눈이 그치면 이사는 가능할 것이다. 제발 오전에만 눈이 내리지 말아달라고 간절히 기도했다.

그리고 이삿날이 되었다. 설렘 때문인지 폭설 걱정 때문인지 새벽부터 안절부절못했다. 창밖을 보며 눈이 내리는지 몇 번이나 확인했다. 내 간절한 바람을 외면하듯 새벽부터 눈이 내리더니 도로가 막히기 시작했다. 하지만 어떻게든 이사는 끝내야만 했기에 눈이 더 많이 내리기 전에 빨리 출발할 생각에 이삿짐센터 사장님을 도와가며 부지런히 이삿짐을 차곡차곡 쌓았다. 그런데 문제가 생겼다. 예약한 사다리차가 눈 때문에 못 오게 된 것이다. 그렇다고 이미 시작한 이사를 멈출 수도 없었다. 다른 사다리차를 섭외해 아파트에서 짐 내리는 것만이라도 해달

첫날부터 눈이라니

라고 부탁하고 불안감을 애써 누르며 계속 이삿짐을 쌓았다. 이사 들어갈 집이 단독주택이어서 어차피 사다리차는 필요없으니까…. 다행히 눈발은 약해졌고 겨우 사다리차를 구해 이삿짐을 내릴 수 있었다.

드디어 새 집으로 출발한다. 눈길을 뚫고 이삿짐 차량이 무사히 도착했다. 부지런히 짐을 내려놓았고 어찌어찌 수습한 후 아이들을 서둘러 하원시키러 갔다. 아이들은 새 집으로 간다니 신이 나 노래를 불렀다. 집에 도착하자 아이들은 "우와!" 탄성을 질렀다. 영화에서만 보던 눈 덮인 성이 눈앞에 있고 그 성이 우리 집이라니. 아이들에게 우리 집은 보통 '집'이 아니라 '겨울왕국'의 엘사가 사는 세상이었다.

눈 덮인 우리 집을 보자마자 매고 있던 가방을 내게 건네주고 아이들은 눈싸움을 하기 시작한다. 마음껏 뛰어 놀라고 이사 온 것이지만 도착하자마자 눈싸움이라니…. 그 모습을 바라보니 '이삿날 폭설이 내린 것도 나쁘진 않다'라는 생각이 들었다.

'눈 오는 날 이사하면 부자된다'라는 말이 있다. 우리가 이사한 날은 일반적인 눈이 아니라 폭설이 내렸으니 앞으로 엄청나게 좋은 일만 있을 것 같았다. 폭설이 내린 아침에는 마음을 졸여야 했지만 폭설이 멈춘 저녁에는 마음까지 평안해지는 느낌이었다. 이제 이 집에서 행복한 추억을 쌓으며 마음의 부자가 되는 일만 남았다.

주택에서 찾은 나만의 행복

내게는 나만의 행복의 기준이 있다. '퇴근 후 반겨주는 따뜻한 가정'. 그것을 얻기 위해 나는 상당히 많은 것을 포기했다. 맨 먼저 포기한 것은 '돈'이다. 플랜트 회사에 다닐 당시 해외파견이 예정되어 있었다. 당시 연봉이 1억 원 이상이어서 가고 싶어하는 사람이 많은 자리였다. 하지만 나는 해외파견을 포기하고 나만의 행복을 찾기 위해 이직을 선택했다. 1억 원을 포기하는 것은 아무리 생각해도 어리석은 짓이었지만 퇴근 후 나를 반겨주는 가정을 포기하는 것이 더 어리석다고 생각했다. 지금도 과거의 선택을 가끔 생각해보지만 내 선택을 결코 후회하지 않는다.

돈을 포기한 대가로 얻은 가정에서 사랑하는 아내와의 결혼에 성공했고 아이까지 생기면서 내가 생각해온 행복이 찾아오자 세상에 부러울 것이 없었다. 그런데 행복을 손에 쥐었지만 마음 한구석에 다른 불만족스러운 것이 생겼다. '돈'이었다. 돈을 포기하고 얻은 행복인데 돈 때문에 행복을 유지할 수 없는 것이 엄연한 현실이었다. 아이가 하나에서 둘, 셋으로 늘면서 씀씀이도 늘었고 미래에 대한 걱정도 커지기 시작했다.

정년이 보장되는 안정적인 직장에 다니고 씀씀이도 크지 않아 정년까지 절약해가며 살면 은퇴 후에도 금전적 문제는 없을 것으로 생각했다. 그런데 아이가 셋이 되는 순간 불안감이 엄습했다. 아이들이 이루고 싶어하는 꿈이 생겨 부모의 전폭적인 지원이 필요할 때 돈이 없어 무력해지는 부모가 되고 싶진 않았다. 하지만 우리 부부의 벌이로는 그렇게 될 가능성이 컸다. 그래서 미래에 대한 불안감을 없애기 위해 '돈 공부'를 시작했다.

'돈 공부'를 처음 시작할 때만 하더라도 금방 부자가 될 것만 같았다. 책에서 알려준 대로만 하면 몇 년 안에 수십억 원대 자산가가 될 줄 알았다. 하지만 세상은 내 뜻대로 되지 않았다. 내가 매수한 주식은 상장폐지를 당했고 서울의 부동산이 수억 원씩 오르는 동안 지방의 우리 집은 요지부동이었다. 성과가 안 보이자 돈 공부의 재미도 사라지고 미래에 대한 불안감만 커져갔다.

그런 불안감으로 살아가던 어느 날 단독주택으로 이사 가자는 아내의 말을 듣는 순간 인생이 바뀔 것 같은 느낌이 들었다. 하지만 처음에는 쉽게 결정할 수가 없었다. '돈 공부'를 하면서 돈을 깔고 살지 말고 대출을 최대한 활용하라고 배웠다. 하지만 주택은 대출이 많이 나오지 않아 내 돈이 많이 들어가야 해 돈을 깔고 살아야 한다. 돈을 깔고 사는 것은 가장 어리석다고 배웠기에 돈과 행복 사이에서 고민했다.

하지만 어느 순간부터 '퇴근 후 나를 반겨주는 따뜻한 가정'이라는 나만의 행복을 놓친 채 살고 있다는 사실을 진지하게 받아들이기 시작하면서 생각을 바꾸기로 했다. 무엇보다 아이들에게 화를 내는 내 모습을 더 이상 견딜 수가 없었다. 그래서 투자자로서 가장 어리석은 선택을 했다. 대출을 받아 집을 짓기 시작한 것이다. 심지어 집을 짓기 위해

돈만 썼을 뿐만 아니라 휴직까지 해가며 집 짓는 데 집중했다.

하지만 지금 그 선택을 후회하지 않는다. 주택으로 이사 온 후 실제로 인생이 크게 달라졌기 때문이다. 아이들을 전보다 따뜻이 대할 수 있고 TV를 없애버려 아파트에 살 때보다 더 많은 시간을 아이들과 이야기하고 나 자신도 힐링 중이다. 단독주택으로 이사만 왔을 뿐인데 그동안 잊고 지내던 내 삶의 '행복'을 되찾을 수 있었다.

물론 귀찮을 때도 많다. 장을 보려면 마트까지 왕복 30분을 운전해야 하고 비라도 내리면 배수가 잘되는지 확인해야 하고 눈이 오면 도로를 쓸고 벌레도 잡아야 하고 계절별로 나무를 심고 가지도 치는 등 마당 관리에도 손이 많이 간다. 하지만 이런 육체적 고단함은 내 기준에서의 행복을 선사하는 일상이 있기에 충분히 극복할 수가 있었다. 육체적으로는 힘들지만 돈으로 환산할 수 없는 행복이 있어 결코 불행하다고 생각하지 않는다. 나는 지금 이 생활에 만족한다. 행복을 위해 돈을 포기했고 돈 때문에 불행해지기도 했지만 어쨌든 나는 그 행복을 되찾았다. 행복은 그리 먼 곳에 있지 않았다. 아파트 생활을 하면서 사라졌던 '나를 반겨주는 따뜻한 가정'을 단독주택으로 이사 와 되찾을 수 있었다.

2부

내 손으로
그려보는
우리 집 밑그림

어떤 땅에 집을 지을까

집을 짓기로 결심하고 맨 먼저 시작한 일은 땅을 알아보는 것이었다. 그런데 어떤 땅이 좋은 땅인지 몰랐다. 남향에 북쪽으로 산이 있는 땅이 좋다던데 그것이 길하다는 정확한 이유도 몰랐다. 그러던 어느 날 우연히 인터넷에서 매물 한 건이 눈에 들어왔다. 동네 풍경이 예뻐 몇 번이나 찾아간 곳이라 공인중개사님께 바로 전화했다.

"소장님, 매물 좀 알아봐 주세요."
땅에도 주인이 있다더니 그 땅이 자꾸 우리 땅처럼 느껴졌다. 이 땅 위에 집을 짓고 앞마당에서 커피도 마시고 방울토마토, 고추, 오이가 자라는 텃밭도 가꾸고 나비와 벌이 춤추는 앞마당에서 달리는 아이들의 모습도 상상해보았다. 왠지 그것들이 모두 현실이 될 것만 같았다. 즐거운 상상 속에 빠져 있을 때 공인중개사님으로부터 전화가 왔다. 나는 몇 가지 사항을 확인한 후 말했다.

"계약 날짜 잡아주세요."
땅을 매입해본 경험도 많지 않은 내가 인터넷에 올라온 매물을 바로 계약할 수 있었던 것은 이미 몇 가지 기준을 세워둔 덕분이었다. 우리 부부는 막둥이가 태어나기 전부터 주택생활을 동경해 땅을 알아보러 다녔다. 2년 넘게 땅을 보러 다니며 세워둔 기준이 있었기에 인터넷 매물을 보자마자 계약할 수가 있었다. 사기를 안 당하고 예산 범위를 벗어나지 않는 기준은 다음과 같다.

첫째, 추가 공사비가 얼마나 들어갈지 계산한다. 구매할 땅의 지목이 '대지'인지('대지'가 아닌 경우, 개발행위를 해야 한다), 수도·전기 등의 기반 시설이 가까이 있는지, 토목공사를 해야 하는지 등 집을 지으면서 추가 공사비용이 얼마나 들어갈지 확인하자.

둘째, 등기부등본, 토지대장, 토지이용계획확인서 등 서류상 하자가 없는지 확인한다. 근저당 설정은 없는지, 공동명의로 되어 있으면 명의 이전에 문제가 없는지, 용적률과 건폐율을 계산하며 몇 층까지 지을 수 있는지 등 땅이 가진 이야기를 확인하자.

셋째, 도로와 인접한지 확인한다. 토지가 폭 4m 이상의 도로와 인접해 있지 않으면 준공허가가 나지 않는다. 4m를 확보하기 위해 내 땅의 일부를 기부체납해야 할 수도 있다. 도로 4m는 준공과 관련이 있으니 반드시 확인하자.

넷째, 세금 수준을 점검하자. 취득세, 중개수수료, 기타 법무사 비용 등도 계산해 토지 총 구매비용을 계산해보자.

땅을 계약했다.

　다섯째, 남향에 양지바르고 치안이 양호하고 출·퇴근하는 데 30분이
넘으면 곤란하다. 딸만 셋이다 보니 치안에 무척 민감했다. 더구나 맞벌
이 부부에게 출·퇴근 시간은 도로에 버리는 시간이므로 시간 절약을 위
해 30분 이내 거리여야 했다.

　마지막으로 땅을 매입하는 조건은 아니지만 토지구매 전 가장 시간
을 들여야 하는 일은 땅을 자주 찾아가보는 것이다. 땅은 아침과 저녁
의 느낌이 다르고 맑은 날, 흐린 날, 비 오는 날 등 날씨에 따라서도 느

낌이 다르다. 그리고 자주 찾아가보면 무척 마음에 들었던 땅도 눈에 거슬리는 점이 띄면서 땅을 객관적으로 바라보는 안목이 생긴다.

초등학교 바로 옆의 땅을 본 적이 있다. 그곳에 집을 지으면 아이들이 도로를 건너지 않고도 걸어서 3분 거리인 초등학교에 등교할 수 있었다. 그래서 당장 그 땅을 사겠다고 결심했지만 내가 세워둔 기준대로 그 땅을 자주 찾아가보았다. 그러던 어느 날 집터 바로 맞은 편에 폐가가 보여 살펴보니 누군가 살던 흔적이 있었다. 딸만 셋인 우리 집에 혹시 이상한 사람이 들어와 아이들을 해코지할지 모른다는 두려움에 포기할 수밖에 없었다.

위치, 가격 등 모든 것이 만족스러운 땅도 있었다. 하지만 그 땅을 직접 보자마자 포기했다. 해가 뒷산에 가려 오후 3~4시만 되어도 어두워졌기 때문이다. 이런 식으로 몇 년 동안 여러 군데의 땅을 봐가며 세워둔 나름의 기준 덕분에 인터넷에 올라온 매물을 보자마자 계약할 수가 있었던 것이다.

땅을 계약하고 주택을 지을 계획이라면 '농어촌개량사업' 대상에 포함되는지 여부도 알아보는 것이 좋다. 지자체에서 최대 2억 원까지 저리로 대출해주는 상품으로 사업 대상에 선정되면 토지측량비용을 할인받고 일정 면적 이하인 경우, 취득세 감면 등의 혜택도 많다. 개량사업 대상에 선정될 수만 있다면 무조건 받는 것이 좋다. 다만, 이 사업은 집을 짓기 전에 신청해야 하고 지자체별로 예산이 한정되어 있어 신청만 한다고 무조건 되는 것은 아니다. 그러니 집을 짓는 시점에서 지자체에 직접 문의해봐야 한다. 아울러 대출금은 준공 이후에 나오므로 집을 짓는 동안에는 다른 방법으로 예산 충당을 하고 준공 이후에 농어촌개량 사업 대출로 전환해야 한다.

가족의 생활습관이 우선이다

처음부터 전원주택 생활에 대한 로망이 있었던 것은 아니다. 다만, 아내와 이야기를 나눌수록 '단독주택에서 사는 게 좋지 않을까?'라고 느꼈을 뿐이다. 앞마당에는 잔디가 깔려 있고 한쪽 구석 텃밭에서 상추, 깻잎, 오이, 고추를 재배해 먹는 삶이 좋아 보였다.

설계하기 전에 우리 가족이 어떻게 살고 싶은지 생각해보는 것이 좋다. 앞마당이 있다고 무조건 좋은 집인 것은 아니다. 앞마당은 생활공간일 뿐 전체가 될 수는 없다. 마당보다 중요한 것은 내 생활습관과 맞아야 한다는 것이다. 가족의 동선을 파악하면 우리 부부의 취향이 보이고 그것이 곧 집의 콘셉트가 된다.

예를 들어 나는 집에 들어오자마자 겉옷을 벗고 손을 씻는 반면 아내는 손부터 씻고 겉옷을 벗는다. 옷을 먼저 벗느냐 손을 먼저 씻느냐에 따라 현관에서 가까운 공간을 어떻게 배치할지가 결정되고 가족에 맞춘 동선이 바로 설계의 출발점이 된다.

집을 지을 때는 내 예산 범위 안에서 최대의 효율을 내야 한다. 그러기 위해서는 주택에 대한 콘셉트가 명확해야 한다. 집을 지을 때 가장 중요한 것은 멋지고 예쁘고 근사한 것이 아니라 우리 가족의 생활방식과 잘 맞아야 한다는 것이다. 문제는 나만의 취향을 생각해본 적이 없다는 것이다. 보편화된 아파트에서만 살다 보니 주거에 대한 나의 선택

권이 거의 없었다. 이미 지어진 아파트 구조에 우리의 취향을 바꾸며 생활했다. 하지만 단독주택은 다르다. 특히 내가 새로 짓는 경우라면 내게 맞는 공간, 동선, 배치 등을 직접 계획할 수 있으므로 내 취향이 반영될 수 있다.

그렇다면 우리 가족의 취향은 어떻게 찾을 수 있을까? 의외로 간단하다. 좋은 것, 나쁜 것, 만족스러운 것, 불만족스러운 것, 고치고 싶은 것 등에 대한 감정이 바로 취향이다. 예를 들면 나는 겨울철에도 집에서 반바지 차림으로 지낼 정도로 집안이 따뜻해야 한다. 방은 넓지 않아도 상관없지만 나만의 공간만큼은 꼭 필요했고 방보다 거실에서 가족 모두 생활하는 것이 좋다. 욕조는 필요하지만 변기가 있는 화장실에 두긴 싫었고 냄새가 나는 음식을 조리할 주방이 별도로 있길 바랐다.

나는 겨울철에도 반바지 차림으로 지내고 싶어했지만 아내는 그런 것에는 관심이 없고 손바닥만하더라도 꽃을 심을 땅을 필요로 했다. 집에 대한 관심사의 우선순위가 달라 처음 설계할 때는 자주 다투었다. 하지만 그런 다툼 속에서 부부가 살아야 할 공간이 명확해진다. 게다가 싸우다 보면 정도 든다. 그동안 아파트에 맞춰 살 때는 몰랐던 아내의 다른 모습도 알게 되었다. 많이 싸웠지만 그 덕분에 우리가 원하는 대로 집을 설계할 수가 있었다.

집 짓기는 선택의 연속이다. 무엇을 선택하고 무엇을 포기해야 할까? 나는 좋아하지만 아내가 싫어하는 부분이 있다면 어떡해야 할까? 그런 고민을 설계 과정에서 해야 한다. 집을 시공하면서 발견된 문제점은 시공비용에 그대로 반영될 수밖에 없기 때문에 설계 과정에서 부부의 대화가 중요하다. 부부가 함께 생각하고 고민하면서 선택할 것과 포기할 것을 확실히 정해야 한다. 이러한 과정은 나와 아내 둘 다 만족할 만한 설계 도면을 그릴 수 있는 동시에 현장에서 발생하는 수정사항도 최대한 줄일 수 있는 것이다.

집을 지을 때 부부의 취향만 확실히 파악하면 설계하면서 콘셉트를 잡을 때 큰 문제가 없다. 집 짓기에 대한 큰 착각 중 하나는 평면도가 좋아야 한다는 것이다. 물론 평면도도 중요하지만 우리 가족의 생활방식이 반영되지 않은 도면은 결코 좋은 도면이 아니다. 그렇기에 집을 짓기로 결심했다면 인테리어 잡지에 실린 집을 찾아볼 것이 아니라 '내가 살고 싶은 집'을 고민해보라고 권하고 싶다.

내가 생각하는 집은 어떤 집일까? 이 질문의 답을 찾다 보면 내 취향을 찾을 수 있고 내 취향으로 지어진 집이기에 비싼 마감재로 시공하지 않아도 내 눈에 예쁘고 실용적인 집이 되는 것이다. 게다가 우리 가족의 삶의 철학까지 담겨 있어 그 어느 집과도 비교할 수 없는 우리집만의 설계를 할 수가 있다. 비싸고 화려한 인테리어보다 나만의 감성과 생활이 살아 있는 집이 내가 생활하는 데 가장 편한 집이다. 그러니 가족과 대화를 많이 나누고 각자의 생활습관을 관찰해보자. 설계하면서 공간을 고민하고 지금 사는 집의 불편한 점들을 생각해보라. 그 속에서 취향을 발견할 수 있을 것이다.

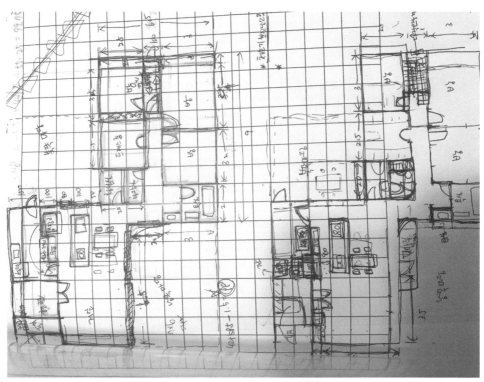

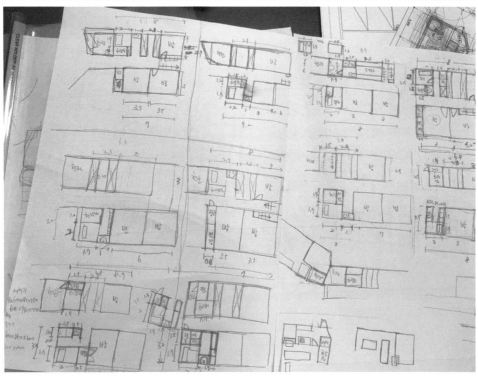

우리 가족의 취향을 반영한 평면도 그려보기

우리 부부가 꿈꾸는 집

우리는 이일훈, 손승훈 저자의 『제가 살고 싶은 집은』을 읽고 설계 방향을 잡았다. 설계라고 해서 평면도를 그리라는 말이 아니다. 설계 방향은 콘셉트다. 건축사와 미팅할 때 내가 살고 싶은 집에 대한 콘셉트가 명확하면 건축사와 처음 만나서도 건설적인 대화를 나눌 수 있다.

우리 부부는 건축사를 만나기 전 수많은 대화를 통해 집에 대한 콘셉트를 정했다. 여기에 소개하는 내용은 우리가 꿈꾸는 집에 대해 아내가 정리한 것이다. 나중에 건축사를 만날 때 이 글을 출력해 가져간 덕분에 더 발전적인 대화를 나눌 수 있었다.

내가 살고 싶은 집

내가 살고 싶은 집은 아늑하고 따뜻한 집입니다. 벚꽃이 만개한 봄날 '빨간 머리' 앤이 창문에 턱을 괴고 하늘을 올려다볼 것만 같은 모습에 아이들이 마당 여기저기를 놀이터 삼아 뛰노는 집입니다. 마당을 품은 집 한 편에는 긴 처마와 툇마루가 있어 봄가을에는 햇빛을 받으며 드러누워 늘어지게 낮잠을 즐기고 여름에 더위를 피해 아이들과 쪼그려 앉아 시간가는 줄 모르고 개미를 구경할 수 있었으면 좋겠습니다. 비가 오면 창문을 열고 빗소리를 듣고 빗방울이 떨어지는 모습을 하염없이 바라보고 겨울에 눈이 내리면 언제든지 뛰어나가 놀 수 있는 그런 집이었으면 좋겠습니다.

　어릴 때는 여섯 살 때까지 전형적인 시골에서 살았습니다. 그 집의 툇마루는 일하러 들에 나가신 엄마를 기다리는 공간이자 언니 오빠들이 학교에 가면 혼자 남아 놀던 공간이었습니다. 따뜻한 햇볕이 내리쬐고 꼬마가 부드럽고 따뜻한 툇마루 바닥에 얼굴을 대고 졸던 기억이 어렴풋이 남아 있습니다. 그 툇마루는 오래되고 무른 나무여서 손톱으로 콕콕 찍으면 자국이 남았고 긴 세월의 손때가 묻어 반들반들 윤이 났습니다. 나중에 엄마에게 그 이야기를 하니 그 집은 서향에 지대도 낮아 살기에는 별로였다더군요. 하지만 꼬마에게 그 집은 아늑하고 따뜻한 집이었습니다.

더 성장해 유년시절을 보낸 집은 아빠가 큰아버지와 직접 모래를 나르고 시멘트 블록을 쌓아 올린 슬레이트 지붕 집이었습니다. 전면에 있는 가겟방을 지나면 안방이 있는 형태에 마당은 시멘트 바닥이었고 입구에는 포도나무를 심어 만든 아치형 터널이 있었습니다. 한쪽에는 아빠가 산에서 캐온 소나무와 무화과나무 등의 각종 나무와 꽃이 심어진 정원도 있었습니다.

긴 처마 밑에는 평상과 개집이 있었고 그 옆에는 큰 창고도 있었습니다. 창고 옆에 화장실이 있었는데 화장실 위에 옥상을 만들었습니다. 그곳은 제 놀이터이기도 했습니다. 해 질 녘 모습, 넓은 저수지에 연꽃이 피고 지는 모습, 잠시 쉬어가는 새들의 모습을 하염없이 구경했고 엄마가 담근 고추장을 찍어 맛보던 곳이었죠.

자연은 아이들에게 가장 위대한 스승이라고 생각합니다. 계절의 변화와 그에 맞는 색채를 만끽할 수 있는 마당에서 아이들이 흙장난을 하고 맘껏 뛰놀았으면 좋겠습니다. 인위적으로 보이는 잔디는 심고 싶진 않지만 나중에 게으름 때문에라도 풀밭이 되어 결국 시멘트 바닥 마당이 되지 않길 기도해봅니다.

마당과 실내를 자연스럽게 연결해주는 공간이 있었으면 좋겠습니다. 'ㄷ'자 형 집을 통해 중정 공간을 확보하고 툇마루를 놓는 것을 생각해보았습니다. 하지만 우리 부부 둘 다 직장생활을 하므로 집 관리에 손이 적게 들어가는 자재를 사용했으면 좋겠습니다. 데크는 석재로 하고 동선은 간편하게 하고 싶습니다. 주거 관련 일본 서적을 보니 신발을 신고 생활하는 '토방'이라는 공간도 무척 매력적이었습니다. 그곳을 현관과 중정에서 구현해보면 어떨지 생각해봅니다.

내 가치관과 신념을 성찰해보기 위해 책 몇 권을 읽어보았습니다. 요즘은 '미니멀 라이프' 관련 서적 몇 권을 빌려와 읽고 있습니다. 제가 좋아하는 것은 간소한 삶, 그리고 시간이 지나 사람 손이 타 자연스러워 멋진 그런 것들이었습니다. 한옥의 처마가 좋고 툇마루가 좋습니다. 비싸더라도 붉은 벽돌로 마감해 시간이 흐를수록 멋스러워지는 외관을 가졌으면 좋겠습니다. 가족이 다섯 명이어서 좁게 살기는 힘들겠고(30평 정도를 생각합니다) 추위를 많이 타는 저와 한겨울에도 반바지 차림으로 지내야 하는 남자가 살고 있어 단열과 창호는 최상급으로 하고 싶습니다.

– 거실

현재 사는 아파트 거실에는 TV가 없습니다. 거실에 아이들의 놀이 공간을 조성해주기 위해 방으로 옮겼는데 지금은 가끔 애니메이션을 보여주는 정도입니다. 그래서 새 집에서도 TV는 방으로 가고 거실은 연장된 다이닝룸 정도의 역할을 했으면 좋겠습니다. 다만 가지고 있는 소파의 너비가 3.3m라는 점과 나중에 TV를 설치할 수 있는 전기배선 등을 고려해주었으면 좋겠습니다. 거실 창은 소파 높이에 가로 통창(한쪽은 환기가 가능하도록 개폐 가능)이 설치되길 바랍니다. 나가는 문 없이 아늑함이 느껴졌으면 좋겠습니다. 반면, 남편에게 거실이 답답하지 않도록 층고가 높았으면 좋겠습니다.

아이들의 책이 많아 작게라도 책장을 놓고 싶습니다. 사실 공간이 허락하면 책으로 둘러싸인 방도 하나 만들고 싶습니다. 어른들의 책은 자꾸 늘어나 다시 중고로 되팔아 권 수가 늘지 않도록 하고 도서관 책을 이용하고 있습니다. 하지만 아이들의 책은 앞으로도 계속 늘어날 텐데 집안의 멋스러움만 생각하다가는 진열하기가 어려울 것 같습니다. 사실 아이들의 책은 보여야 읽는 것이어서 이 점이 어렵습니다.

- 주방

공간이 된다면 넉넉한 아일랜드 형태의 대면형 주방을 원합니다. 주방 바로 옆에는 나중에 김장도 할 수 있는 다용도실이 필요합니다. 다용도실은 보조 주방으로 가스를 사용할 수 있는 싱크대 장과 각종 과일청을 보관할 수납장도 필요합니다. 세탁기 소음이 덜하길 바라는 마음에 세탁기를 넣고 싶지만 동선을 감안하면 욕실 옆이나 드레스룸 옆으로 가야 할 것 같아 결정하기가 어렵습니다. 주방을 아일랜드 식탁(가열된 식기 사용 가능)으로 배치할 수 있다면 뒤편 작은 공간에 제가 책을 읽고 글을 쓸 공간이 있었으면 좋겠습니다. 주방 어디에라도 노트북과 책 한 권만 펼칠 수 있는 공간이면 됩니다.

- 욕실과 화장실

욕실(몸 씻는 곳)과 화장실(두 곳)은 독립공간으로 만들고 싶습니다. 지금 살고 있는 아파트는 화장실에 욕조와 변기가 함께 있어 아이들을 씻길 때 불편하기 때문입니다. 욕실 입구는 대중목욕탕처럼 머리를 말리고 수건도 보관할 수 있는 넓지 않은 파우더 룸을 조성하고 싶습니다. 간단한 양치나 세안용 세면대도 필요합니다.

– 드레스룸

계절별로 옷을 바꿀 필요 없이 가족 모두 사용할 수 있는 드레스룸이 있었으면 좋겠습니다. 위치는 욕실과 인접한 맞은편이나 바로 옆에 배치되고 내부 크기는 가로 2m, 세로 2.5m 정도면 충분합니다.

– 방(3개)

방은 크지 않게 세 평 이내로 하고 싶습니다. 지금 사는 집에는 침대가 없지만 아이들이 커서 침대를 원하면 2층 침대를 들여놓을 생각도 합니다. 이불이 많아 방 하나에 벽장이 하나씩 있었으면 좋겠습니다. 원래 1층에만 방 세 개를 계획했는데 아무래도 조망이 아쉬워 예산이 허락하면 2층을 올리는 것도 고려 중입니다. 2층을 올린다면 방 한 개와 화장실(샤워부스 포함)을 올려 아이들이 성장한 후에 쓰거나 부부가 쓰는 방을 만들고 싶습니다.

방의 천장은 높지 않아도 됩니다. 답답하게 느껴질지 모르지만 방은 주로 잠을 자거나 아이들이 공부를 하거나 책을 읽는 공간이 될 것 같은 생각에 아늑하면 좋겠습니다. 마당이나 거실에서 놀면 되니까요.

참고로 언젠가 영화 「내 사랑」(에이슬링 월시 감독, 샐리 호킨스, 에단 호크 주연, 2016년 작)을 보니 주인공들의 침실이 아주 작은 계단을 기어 올라가면 있는 다락에 있었습니다. 누추하다면 정말 누추했는데 저는 그 집과 그 침실이 너무나 사랑스럽고 아늑하고 예뻐 보였습니다. 이런 취향이라면 작디작은 목조주택을 지어야 할 것 같은데 정말 어렵습니다. 나중에 마당 한쪽에 다락이 있는 모듈 하우스를 지어 소망을 풀어야 할지 모르겠습니다.

− 조명

조명은 공간마다 백색 밝은 빛과 은은한 벽등이 상존했으면 좋겠습니다. 인테리어의 꽃은 조명이라는데 지금까지 그런 것을 모른 채 살았지만 식탁 위에 촛불을 켜고 식사하는 모습을 상상하니 무척 그럴듯합니다. 그런 조명들이 곳곳에 숨어 분위기를 연출하면 어떨지 상상해봅니다.

− 창문

창문은 가로로 넓은 창들이 예쁘더군요. 그리고 아파트 거실 창처럼 베란다로 직접 나가는 문 역할의 창은 배제하고 싶습니다. 하지만 툇마루 공간으로 나가는 곳에는 문과 겸하는 창문을 시공해 밖에서도 들어올 수 있도록 번호키를 부착하고 싶습니다. 남편이 없을 때는 전부 여자들만 있으니 방범에 신경쓰고 싶습니다. 모든 창문이 밖에서 열리지 않게 하고 싶습니다. 여름에는 문을 열고 잘 수 있어야 하는데 바람이 통하도록 작은 창문 몇 개를 설치해 열어두고 자면 어떨지 생각해봅니다.

시시때때로 자연광이 들어오고 바람이 잘 통하도록 창문을 배치했으면 좋겠습니다. 비가 와도 문을 열 수 있는 창문이 전부는 아니더라도 두 곳은 필요하고 창문마다 처마가 꼭 있었으면 좋겠습니다. 그리고 창틀에 올라타 책을 읽을 공간도 한 곳 있으면 아이들도 좋아할 것 같습니다. 집 배치가 어떨지 모르지만 서향으로 시야가 터진 곳이라 아무래도 서향으로 창을 낼 수밖에 없을 것 같습니다. 겨울에는 따뜻할지 모르지만 집 지을 곳이 한겨울에도 정말 양지바른 곳이라 여름에 서향 창은 너무 더울 것으로 예상됩니다. 바깥에 다는 나무 덧창 같은 것이 있으면 서향 창에 꼭 설치하고 싶습니다.

– 다락

예산 범위 안에서 2층을 올릴지 다락을 올릴지 결정할 생각입니다. 다락의 쓰임새는 구체적으로 생각하지 않았습니다. 아이들이 어릴 때는 작은 놀이방으로 이용할 것 같지만 그것도 잠시뿐이고 창고로 전락할 것 같긴 합니다. 넓은 마당의 창고를 두고 굳이 다락까지 올라가 짐을 쟁여야 하는지 생각도 되지만 아이들이 커갈수록 짐은 늘어날 것이고 아이들에게 추억의 장소가 될 것 같아 만들기는 해야 할 것 같습니다. 또한 책이 늘어나면 독서 공간이나 서재가 따로 없으니 서재로 이용하면 어떨지 생각해봅니다.

– 마당 창고

작은 텃밭이지만 농기구가 필요할 것이고 잔디를 식재할 경우, 잔디 깎는 기계, 나무 자르는 전지가위 등의 기계류부터 여름철 물놀이용품, 겨울철 썰매용품까지 보관할 공간이 필요합니다. 책 『정원생활자의 열두 달』에 등장하는 아주 예쁜 목조 쉼터를 만들고 싶지만 비용을 생각해보아야 할 것 같습니다. 창고 앞에는 닭 두 마리 정도를 키울 닭장도 있어야 합니다. 창고와 더불어 아이들이 들어가 놀 수 있는 작은 '놀이

집'도 만들어보고 싶은 생각입니다.

- 데크

바비큐를 하거나 여름날 아이들의 물놀이 장소로 쓸 데크가 있었으면 좋겠습니다. 재료로는 석재가 좋겠는데 남편은 그냥 시멘트만 바르자고 합니다. 동쪽이나 남쪽 마당 가능한 곳에 시멘트만 바르든 석재타일로 마감을 하든 데크를 조성해 여름날 아이들이 물놀이를 할 수 있었으면 좋겠습니다. 거기에는 수도가 설치되어 물받기도 편하고 버리기도 편했으면 좋겠습니다. 또한 이곳 부지에 지하수가 연결되어 있다니 지하수도를 빼 수돗가를 만들었으면 좋겠습니다. 텃밭에서 키운 상추 등을 바로 씻을 수 있는 공간이면 됩니다. 수돗가 옆에는 작은 장독대를 만들고 싶습니다.

도로쪽 벚나무가 너무나 멋질 것 같습니다. 벚꽃이 피는 단 며칠만이라도 봄날의 정취를 만끽하기 위해 그곳을 작은 정원으로 만들고 싶습니다. 바닥에는 붉은 벽돌을 깔고 탁자와 의자를 놓고 차를 마시는 공간을 꿈꿔보는데 꿈이 이루어질지 모르겠습니다.

실현된 모습

마음이 잘 맞는 설계사를 찾아서

이렇게 정리한 내용과 우리가 직접 그린 대략적인 설계도를 가지고 하우징 업체 한 곳과 건축사사무소 두 곳에서 설계상담을 받았다. 맨 처음 설계 상담을 받은 곳은 지인의 집을 설계한 하우징 업체로 시공사에 대한 만족도가 높아 지인이 적극 추천한 업체였다. 그런데 대화를 몇 번 나눌수록 우리가 정리한 '제가 살고 싶은 집'에 대한 이야기를 하는 것이 아니라 PC의 포트폴리오만 보여주며 이런 집도 지어보고 저런 집도 지어봤다는 말만 하는 것이었다. 대화를 나눌수록 PC에 저장된 포트폴리오 중 하나와 똑같이 나올 것 같았다. 게다가 설계비용까지 저렴하지 않아 포기했다.

다음으로 찾아간 업체는 지역의 유명한 건축사사무소였는데 첫 이미지는 무척 좋았다. 집을 짓기 전부터 우리 부부는 외장재를 붉은 벽돌로 결정한 상태였는데 이 사무소 건물의 외장재가 붉은 벽돌이었다. 이곳에 설계를 맡기면 이런 건물과 같은 집이 나올 것만 같았다. 기대만큼 상담은 관심을 끌었고 우리가 준비해간 '제가 살고 싶은 집'에 대해 건설적인 대화를 나눌 수 있었다. 하지만 문제는 3,000만 원이라는 설계비였다. 웬만하면 설계비는 아끼지 말자고 다짐했지만 예상금액보다 세 배나 많아 고민이 컸다. 그렇다고 그 정도 비용을 선뜻 지불하고 싶을 만큼 마음에 쏙 드는 것도 아니었다.

하우징 업체에 실망하고 비싼 설계비 때문에 고민하던 중 지인이 운영하는 건축사사무소가 생각났다. 그래서 바로 상담 일정을 잡고 '제가 살고 싶은 집'을 들고 방문한 결과, 이곳에 설계를 맡기기로 했다. 이런 저런 이야기를 나누다 보니 우리 부부가 추구하는 주택에서의 삶에 대한 생각이 비슷해 대화가 잘 통했다. 특히 일상생활이 우리와 비슷해 좋았다. 비슷한 연령대의 아이들, 교육과 놀이에 대한 생각, 공간에 대한 이해 등 대화를 나눌수록 말이 잘 통했다. 지인 건축사가 우리 집을 자기 집처럼 설계해줄 것만 같은 느낌을 받았다.

다만 이제 막 건축사 등록증이 나온 초보 건축사여서 자신만의 포트폴리오가 없다는 점이 불안했다. 하지만 하우징 업체에서 받은 실망감이 커 기존 포트폴리오 없이 시작하는 초보 건축사가 오히려 믿음직스럽기도 했다. PC에 저장된 공간이 아니라 지금까지 한 번도 나오지 않은 우리집이 나올 것만 같았다. 그 후 몇 번 더 찾아가 이야기하면서 이러한 믿음이 확고해진 순간 계약을 진행했다.

사실 건축 전공자도 아니고 집 짓는 공부를 해본 적도 없는 우리 부부가 직접 그려서 가져간 설계는 정말 엉망이었다. 그런데 건축사와 계약하니 궁금한 점이 있으면 언제든지 문의할 수 있는 사람이 생겨 든든했다. 그래서 나는 건축사와 집에 관한 대화를 나누는 시간이 너무나 좋았다.

건축주의 의견을 잘 반영해주는 건축사를 만나는 것은 행운이다. 자신만의 세계가 강한 건축사들은 실용적인 집보다 상을 받을 만한 멋진 집을 추구하기도 하는데 우리 건축사는 실용주의자였다. 비싸고 살기

불편한 집이 아니라 내가 가진 예산 범위 안에서 가족의 취향과 삶이 반영된 집을 그렸다. 그런 나의 바람을 이루어줄 건축사를 만난 것이다.

건축사가 제시한 설계계약서도 무척 마음에 들었다. 설계 미팅 횟수에 제한이 없었고 건축설계, 구조설계, 구조해석, 인테리어설계 네 개항목에 더해 착공과 준공까지 해주기로 했다. 그러면서 전체 금액은 지인이어서 할인까지 해주었다. 이런 엉성한 계약서는 건축사에게 '열정페이'를 요구하는 것과 다름없었지만 건축주 입장에서는 반가운 계약이었다. 미팅 횟수에도 제한이 없어 도움이 필요하면 언제든지 문의할 수 있으니 말이다.

설계를 맡기고 싶은 건축사를 만났다면 자주 찾아가 상담하는 것이 좋다. 한두 번의 미팅으로 판단하는 데는 위험의 소지가 있다. 많은 이야기를 나누어보아야 그 건축사의 진면목을 알 수 있다. 실력도 없이 말만 화려한 사람일 수도 있는 반면, 말은 어눌해도 도면이나 법률 해석에 강한 사람일 수도 있다. 건축사마다 각자의 장점이 다르니 설계에 들어가기 전이라면 다양한 건축사를 만나보고 집 짓기를 스스로 공부하자. 건축주가 열심히 공부한 만큼 건축사와 깊이 있는 대화를 나눌 수 있고 그 속에서 훌륭한 건축사를 선별할 기준도 생긴다.

설계를 준비하면서 느낀 점은 건축주들이 설계비용에 무척 인색하다는 것이다. 시공비는 억 단위를 지불하면서 설계비는 천만 원도 아까워한다. 설계는 형태가 없는 도면을 그리고 시공사는 형태가 있는 건물을 짓는다고 생각하기 때문인 것 같은데 나는 오히려 설계에 충분한 비

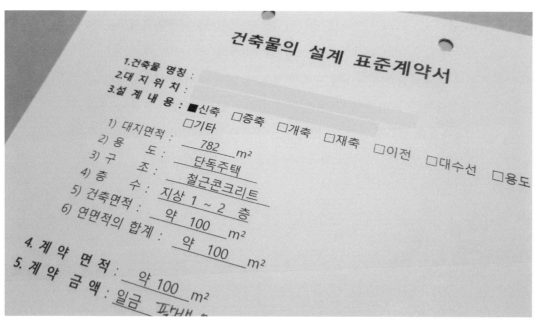

우리 집의 설계 계약서

용과 시간을 투입해야 한다고 생각한다. 설계도면이 잘못 작성되어 시공을 변경해야 할 경우, 설계비용보다 더 큰 비용을 지불해야 하기 때문이다. 잘못된 설계 때문에 집을 짓다가 스트레스로 10년 더 늙을 수 있다. 그래서 처음부터 분명한 기준을 세워야 하는데 집에 대한 기준이 바로 설계도면이므로 설계에 시간을 많이 투자해야 한다는 말이다.

설계도면은 종이에 그려진 단순한 그림이 아니라 종이에 적힌 수치를 하나씩 조립해 완성하는 집의 기준이다. 도면이 많다고 좋은 집은 아니지만 설계도면 네 장으로 시공한 집과 100장으로 시공한 집은 그 결과가 확연히 다르다. 설계도면이 상세할수록 집의 모든 공간이 연결되기 때문이다. 그리고 무엇보다 설계가 디테일할수록 건축비를 아낄 수 있다. 준공 후 시공비를 정산할 때 계약금보다 시공비가 늘어나는 경우가 많은 것은 대부분 현장에서 수정사항이 발생했기 때문이다. 도면이 완벽할수록 현장에서 수정할 부분이 없어 추가금액이 발생할 여지가 줄어든다. 집을 짓다 보면 여기저기 돈 들어갈 데가 많은데 추가 시공비가 발생하지 않게만 해도 돈을 아낄 수 있다. 그러니 설계도면을 상세히 잘 만드는 것이 곧 저렴하게 집을 짓는 지름길이다.

설계의 3단계 진행 과정

설계는 현장방문 및 모형으로 스터디를 하며 집의 콘셉트를 잡고 (1단계), 평면도, 입면도, 단면도 등 최소한의 성능만 담아 지자체의 인·허가 승인을 받기 위한 인·허가 도면을 그리며(2단계) 집의 모든 공간을 디자인하고 치수화해 현장에서 공사할 때 사용되는 공사용 도면을 작성하게 된다(3단계).

1단계: 콘셉트 잡기

집의 콘셉트를 잡기 위해 건축사와 현장에서 만났다. 드론까지 띄워 마을 전경을 촬영하고 땅의 가로 길이와 넓이를 측정하고 옆집 위치를 확인하고 마을 인근의 기반시설(수도·전기), 벚꽃나무 위치 등 집 주위의 모든 상황을 확인한다.

현장에서 수집한 자료를 바탕으로 만든 모형으로 건축사와 스터디하며 형태를 결정할 때까지 한 달가량 걸렸다. 건축사와 스터디를 진행하면서 가장 중요한 것은 의견차를 줄이고 집의 쓰임새를 고민하면서 각자의 의견에 공감하는 것이다. 이때 우리 생각을 건축사에게 확실히 전달해야 한다. 건축주가 어정쩡하게 말하면 건축사도 어정쩡하게 받아들일 수밖에 없다.

우리 부부는 살고 싶은 집에 대해 이미 많이 생각하고 이미지들을 정리까지 해둔 상태였다. 건축사와 스터디할 때도 이 자료를 기준으로 설계했기 때문에 진행하기 쉬운 편이었다. 집을 짓고 싶다면 내가 살고 싶은 집에 대해 우리처럼 최대한 구체적으로 정리할 것을 권한다.

2단계: 허가용 도면 그리기

집의 콘셉트를 잡을 때 건축주는 손에서 줄자를 놓으면 안 된다. 현재 거주하는 방과 주방의 크기를 측정해보고 침대, 책상, 싱크대 등의 가구와 가전제품의 치수를 측정해보라. 이것들이 모두 들어갈 수 있는 공간을 만들어야 한다.

평면도 구상은 건축사의 업무 영역이지만 그 안에 들어가야 하는 방, 드레스룸, 화장실 개수는 건축주가 정해야 한다. 하지만 집을 무조건 크게만 지을 수는 없으므로 각 실의 적정 크기를 결정해야 한다. 건축사에게 일괄적으로 맡겨도 되지만 내가 느끼는 적당한 공간의 감을 잡기 위해서라면 내가 살고 있는 집의 공간들을 직접 줄자로 측정해보는 것이 좋다. 현재 사용 중인 화장실을 측정해보면서 좁은지 넓은지 적당한지 느껴보고 방과 주방의 크기도 측정해보면서 불편함은 없는지 느껴보는 것이다. 아내는 살고 있는 집의 주방을 수십 번 줄자로 재고 상상하며 인덕션의 위치와 그 옆의 조리공간까지 생각해 싱크대의 크기를 결정했고 불필요한 공간을 최소화하려고 애썼다. 그렇게 자신이 생각하는 공간의 크기를 찾아 건축사에게 알려주면 건축사는 내가 원하는 크기의 공간을 만들어준다.

평면도를 그렸다면 구조, 자재 등도 결정한다. 콘크리트와 목조 사이에서 고민하다가 나무 관리가 쉽지 않을 것 같아 콘크리트를 선택했다.

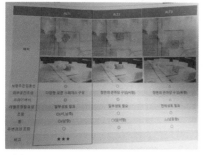

건축사와 스터디하며 콘셉트 잡기

지붕 외장재로는 아내가 처음부터 생각해온 붉은 벽돌과 그것과 잘 어울리는 징크를 선택했다. 단열과 난방도 결정한다. 단열은 법적 기준에 맞추어 설계하고 난방은 도시가스가 들어오면 좋겠지만 그렇지 않다면 기름보일러나 LPG 보일러를 선택하면 된다. 아쉽게도 우리는 도시가스가 들어오는 지역이 아니어서 LPG 보일러를 선택했다. 기름보일러를 설치하려면 독립된 보일러실이 필요하기 때문이다. 마지막으로 창호, 방문, 전등, 콘센트의 위치와 크기를 결정한다. 이렇게 허가용 도면을 그리는 데만 열 번 이상 건축사를 만났다.

3단계: 공사용 도면 그리기

이 단계에서는 의외로 미팅이 많이 필요하진 않지만 결과물이 나올 때까지 한 달가량이나 걸렸다. 건축사가 도면을 완성하면 건축주는 구체적으로 체크한다. 예를 들어 창문의 높이가 적당한지, 방문의 위치가 적당한지, 기타 소소한 요구사항이 모두 반영되었는지 등을 꼼꼼히 체크한다. 콘셉트 잡는 데 1개월, 허가용 도면 그리는 데 3개월, 공사용 도면 그리는 데 1개월, 이렇게 설계에만 5개월이 걸렸다.

설계는 건축주와 건축사의 소통이 중요하다. 소통 없이 건축주가 원하는 대로 무조건 해달라고 고집을 부리거나 반대로 건축사가 하자는 대로 내버려두면 반드시 문제가 생긴다. 그래서 건축사와 자주 만나 이야기 나누면서 집의 형태를 공유하고 공감해야 한다. 그러한 과정을 거쳐 세상에 단 하나뿐인 우리 집이 완성되는 것이다.

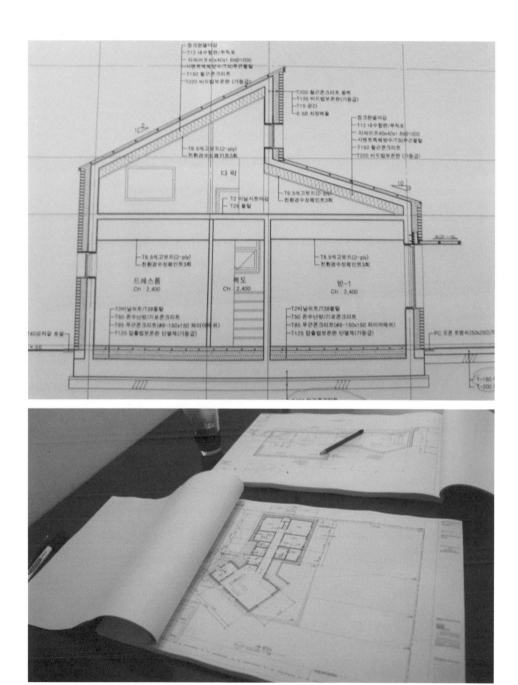

도면 작성 끝. 설계대로만 시공하자.

공정을 짜고 예산을 편성하자

건축주도 공부가 필요하다. 집을 지을 때 맨 먼저 공부해야 하는 것은 공정이다. 공정이란 건물이 완성되기까지 건축이 진행되는 과정으로 공사 순서라고 생각하면 된다. 공정관리는 공사 순서대로 현장이 쉬지 않고 원활히 돌아가도록 자재, 인력, 장비를 시기적절히 조달하기 위함이다. 공정관리가 잘 안 되면 인력이나 자재의 현장 투입이 늦어지고 이는 곧 준공까지 지연시키므로 하루라도 빨리 입주하려면 공정관리가 중요하다.

그렇다면 콘크리트 주택의 공정은 어떠할까? 다음의 사진들이 우리 집을 지었던 공사 순서다. 이 순서를 공부하는 것이 바로 공정을 공부하는 것이고 하나의 공정이 끝나고 다음 공정이 바로 투입될 수 있도록 하는 것이 공정관리의 핵심이다. 공사현장의 상황이나 시공 방법에 따라 공정 순서는 언제든지 바뀔 수 있다.

공정 계획을 세웠다면 공종(工種)별로 예상금액도 정해야 한다. 예산을 편성해도 자재비나 인건비의 갑작스러운 상승, 공기 연장 등의 외부 요인으로 공사금액이 변동될 수 있다. 이에 대비해 예비비를 편성해두는 것도 좋다.

아내가 마감재만큼은 무조건 친환경 자재를 써야 한다고 주장해 마감재까지 시공비가 부족하지 않도록 예산을 관리해야만 했다. 그래서

1. 기초   2. 골조   3. 단열   4. 외장재   5. 지붕   6. 창호

공종별로 세워둔 예산 범위 안에서 각 공종을 마무리하기 위해 노력했다. 시공비가 계획보다 늘어날 것 같으면 자재를 저렴한 것으로 바꾸거나 장비 사용을 최소화하고 공법을 바꿔 시공비용을 낮추기 위해 노력했다. 그런 노력 덕분에 마감재 시공까지 예산 부족 없이 무사히 공사를 진행할 수 있었다.

예산을 편성하는 것은 마감재 시공 때까지 예산이 부족한 상황에 대비하기 위해서다. 마감재를 시공할 때 돈이 없어 몇 단계 낮은 등급의 자재로 시공하면 생활하면서 매일 마주치는 마감재를 보며 새 집이 불만족스러울 수 있기 때문이다. 그러니 실생활과 가장 밀접한 마감재까지 예산상의 여유를 갖는 전략이 필요하다.

공종별로 예산을 잘 편성하는 가장 확실한 방법은 실제 공사를 하시는 분들로부터 견적을 받아보는 것이다. 하지만 시공사에 전화하기가 두렵다면 인터넷에서 검색해 우리 집과 비슷한 형태의 집의 시공내역서를 찾아보는 것도 좋은 방법이다. 그 내역서에 가중치를 두거나 물가 상승률 등을 적용해 편성하면 된다.

예산을 정확히 짤 필요는 없다. 대략적인 금액을 공종별로 나누고 현장에서 유연성을 발휘해 마감재까지 부족하지 않도록 관리하는 것이 핵심이다. 이렇게 예산을 편성해 나온 금액이 2억7,000만 원이었다. 이제 이 돈을 조달할 방법을 생각하면 된다. 맨 먼저 예금과 적금을 확인했다. 그리고 살던 집과 신축할 대지로 담보대출을 알아보고 신용대출까지 알아보니 2억5,000만 원가량 되었고 집을 짓는 동안 월급으로

1. 방통 2. 목공 3. 타일 4. 도색 5. 마모륨 6. 주방·가구

2,000만 원을 모으면 2억7,000만 원이 될 수 있을 것 같았다. 그리고 부족한 돈은 부모님께 잠시 빌리기로 했다.

건축주 직영공사라고 해서 건축주가 직접 공사하는 것이 아니다. 철근을 조립하고 거푸집을 세우고 목공작업을 하는 기술자를 현장에 섭외하고 기술자들에게 인건비를 지급하는 것이다. 그러니 건축주가 집을 지으면서 해야 할 일은 공정관리와 예산관리다.

준공

시공업체를 선정하는 3가지 기준

큰아버지의 인맥을 활용한 덕분에 시공사 선정은 어렵지 않았다. 하지만 창호, 도색, 마모륨 등 몇몇 시공사는 직접 알아봐야 했다. 시공사를 알아보는 것은 정말 어려웠지만 기준을 갖고 알아보면 생각보다 할 만하다. 시공사를 선정할 때 내가 세웠던 기준은 다음 세 가지다.

첫째, 건축주의 의견을 반영하는 업체인가? 자신의 방법만 고집하는 분들이 가끔 있다. 나도 현장에서 이런 시공사를 만났는데 시공만족도는 대체로 별로였다. 문제가 발생해 보수를 요청하면 본인의 과실이 아니라며 '남 탓'만 하는 사람들 때문에 곤란했던 적이 여러 번이다. 그러므로 자신의 시공법을 무조건 확신하는 시공사는 일단 보류하고 다른 업체와 비교해보는 것이 바람직하다.

둘째, 비용이 적정하면서 시공도 잘하는 업체인가? 비싸다고 시공을 잘하는 것은 아니다. 비싼 자재로 시공이 엉망이면 돈 낭비이므로 비싼 만큼 제대로 시공하는 업체를 선택해야 한다. 유선상으로는 모든 시공사가 자신이 최고 기술자이고 최고의 품질을 보장한다고 주장하지만 막상 현장에서 말해보면 대부분 달라진다. 유선상으로 문의했을 때보다 시공비가 늘거나 궁금한 질문사항에도 제대로 답하지 못 하는 경우도 있었다. 그러니 시공을 잘하는 업체와 계약하고 싶다면 현장에서 만나 눈으로 직접 현장을 확인시켜주고 시공에 대한 궁금증을 해소한 후에 견적을 받기 바란다. 그렇게 두 곳 이상에서 견적을 받아보고 판단하는 것이 바람직하다.

셋째, SNS 활동이 활발한 업체인가? SNS는 업체에 대한 가장 객관적인 피드백을 확인할 수 있는 방법이다. 이런 점 때문에 오히려 SNS 마케팅을 안 하는 업체도 있는 한편, SNS에서 사용자의 후기가 좋은 업체라면 마음이 갈 수밖에 없다. 또한 SNS 활동이 활발한 업체일수록 AS에 민감하게 반응할 수밖에 없다. 그래서 나는 대부분 SNS 활동을 하는 업체를 선택했다.

직영공사를 했기 때문에 현장감독은 필수였다. 그런데 직장인인 내가 어떻게 현장감독을 할 수 있었을까? 사실 집 짓는 동안 휴직한 덕분이었다. 휴직은 불가피한 선택이었다. 집을 짓기로 결심하고 설계가 한창 진행되던 중에 갑자기 회사에서 인사 발령이 난 것이다. 발령 초기에는 설계 기간이어서 어려움이 없었지만 편도 150km를 매일 출·퇴근하며 현장을 지켜보는 것은 불가능하다는 생각이 들었다. 심지어 휴직중이던 아내는 복직을 앞두고 있었다.

우리 부부의 선택지는 많지 않았다. 아내가 휴직을 연장하거나 내가 휴직하는 방법밖에 없었다. 아내는 자신이 휴직을 연장하겠다고 했지만 그렇게 해도 출·퇴근 시간이 길어진 나 대신 아이 셋을 돌보며 주택 현장을 관리하기에는 한계가 있을 것이 분명했다. 결국 육아와 현장 두 마리 토끼를 잡기 위해 내가 휴직할 수밖에 없었다.

휴직한 후 일상은 더 바빠졌다. 아이들을 채비시켜 등원시키자마자 현장에 들렀다. 진행 중인 작업을 확인하고 자재를 발주하고 후속 공정 일정을 잡고 장비 투입 여부를 확인했다. 현장의 쓰레기도 치워야 했고 설계 과정에서 예상치 못한 문제들까지 해결했다. 그밖에도 하루가 다르게 변해가는 현장의 모습을 촬영해 기록하는 것도 주요 임무였는데 당시의 기록으로 지금 이 이야기를 만들고 있는 것이다.

AS 중인 업체

건축주 직영으로 집을 지으면서 직영공사에서 가장 중요한 것은 건축주가 현장에 상주하는 것임을 깨달았다. 건축주가 현장에 상주한다는 것은 현장의 돌발 상황에 즉시 대처할 수 있다는 뜻이다. 이런 대처가 공사 진행을 원활히 하고 바람직한 결과를 부른다. 게다가 건축주가 현장에 없으면 작업자들은 자신이 경험한 대로 가장 편한 방식으로 시공해버린다. 초반에 현장에서 작업자들의 경험을 믿었다가 후회한 적이 많기 때문에 가능한 한 현장을 지켰다.

집을 짓겠다고 휴직 결정을 내리는 것은 결코 쉽지 않았다. 하지만

내 손으로 지은 집

나중에 되돌아보니 당시의 휴직 결정은 내 인생에서 가장 현명한 선택이었다. 월급은 못 받았지만 직영으로 집을 지은 덕분에 1억 원 이상 시공비를 아낄 수 있었다. 연봉이 1억 원이 넘는다면 시공사에 맡기는 것이 효율적이겠지만 그런 직장인이 과연 몇이나 될까? 결국 휴직하면서 집을 짓기로 한 결정은 합리적인 가격에 높은 성과를 내는 방법이었다.

집을 지을 계획이라면 어떻게 현장에 상주할 것인지 생각해보기 바란다. 나는 휴직이라는 방법으로 현장을 지켰지만 현장 소장님을 고용하는 등의 방법도 있다. 각자 상황에 맞게 돈과 결과물을 동시에 잡을 방법을 강구해야 한다.

공사 시작 전에 챙겨야 할 것들

본격적으로 집을 짓기 전에 해야 할 사전작업이 있다.

1. 토지측량

맨 먼저 할 일은 토지측량이다. 토지측량은 우리 집의 경계를 확인하는 작업으로 토지를 매입하기 전에 측량을 실시해 정확한 경계를 확인했어야 했는데 우리는 그것을 설계 과정에서 진행했다. 토지측량은 한국국토정보공사에 신청하면 진행된다. 한국국토정보공사는 대지의 경계를 붉은 말뚝으로 표시해둔다. 토지측량 결과는 우편으로 받게 되는데 이 서류는 준공에 필요하니 잘 챙겨두자.

2. 급수공사

급수공사는 상수도관을 우리 집 수도계량기함에 연결하는 공사로 착공 허가승인 후 진행하면 된다. 급수공사신청서를 지자체에 제출하면 지자체는 현장을 실측한 후 도면을 작성하고 이 도면을 바탕으로 용역을 발주해 계약된 업체가 시공한다.

급수공사 전에는 수도계량기함의 위치를 결정해야 한다. 급수공사 범위가 상수도관부터 수도계량기함까지이므로 수도계량기함의 위치에 따라 공사비용이 달라진다. 수도계량기함의 위치는 수도배관에 가까울수록 좋다. 5m 시공하는 데 90만 원가량 들었다.

토지경계 측량 후 세워진 말뚝으로 대지의 경계를 알 수 있다.

도로를 굴착해 상수도관을
찾는다.

수도계량기까지 배관을
설치하고 경고띠를 설치한다.

수도꼭지를 설치한다.

3. 가설전기

집을 지을 때 가장 많이 필요한 전기는 한국전력으로부터 가설전기를 받아 사용한다. 가설전기 사용을 위한 사용신청은 전기면허 보유업체만 할 수 있으므로 전기업체를 선정한 후에 신청하면 된다. 가설전기 사용신청을 할 때는 건축주 신분증, 건축허가서 사본, 건축주 통장사본(보증금 환급용)이 필요하다.

4. 산재고용보험 가입

플랜트 회사에 재직할 당시 바로 옆 현장에서 인명사고가 발생한 적이 있었다. 현장에서 안전을 아무리 강조해도 현장 일은 아무도 모른다. 그래서 집을 짓는 현장에서는 산재고용보험에 가입해 혹시 모를 사고에 대비해야 한다.

산재고용보험 가입은 근로복지공단에서 진행한다. 지역마다 약간씩 차이는 있겠지만 내가 사는 지역에서는 지자체에 착공신고를 하면 지자체는 근로복지공단으로 내용을 전달하고 근로복지공단은 산재고용보험료 고지서를 건축주에게 발부한다. 이 고지서를 납부기한 안에 납부하면 된다.

집 짓기 전 사전작업 비용은 건축주 부담이다. 하지만 사전작업이라고 해서 무조건 집을 짓기 전에 하진 않는다. 시공업체와 계약한 후에 진행하는 경우도 있는데 건축주는 시공사와의 계약금액에 사전공사 비용이 포함되어 있다고 생각하고 시공사는 그 반대로 생각할 수 있으니 계약 전에 비용처리에 대해 협의하자.

가설 전기계량기함

산재고용보험료
신청서

81

3부

이제 진짜로

내 집을

지어보자

습기 차단이 중요한 기초공사

공사는 집의 무게를 견딜 지지대를 만드는 기초공사로부터 시작되는데 본격적인 시작에 앞서 대지를 정리한다. 풀을 걷어내고 폐기물을 치우고 집터를 파내 기초공사를 준비한다. 집터를 잡석(가공되지 않은 돌)으로 다지고 PE 필름(건축용 비닐)으로 잡석을 뒤덮는다.

기초는 콘크리트를 타설해 만들어지는데 타설된 콘크리트는 땅에서 올라오는 습기를 흡수하면 물러지면서 약해진다. 그래서 기초의 단단함을 유지하기 위해 땅에서 올라오는 습기를 차단하는 것이 기초공사의 핵심이며 이를 위해 잡석으로 지면을 다지고 PE 필름을 시공하는 것이다. PE 필름 위에는 강도는 없지만 지면을 평평히 하기 위해 '버린다'라는 의미의 버림 콘크리트를 타설한다. 버림 콘크리트 위에 기초공사의 외곽선을 표시하고 콘크리트가 굳을 때까지 모양을 유지하기 위해 유로폼으로 거푸집을 세운다. 거푸집 안에는 철근을 격자 모양으로 배근한다.

철근 배근이 끝나면 전기팀과 설비팀이 투입되어 전선관 시공을 위

대지 정리

잡석 다짐 및
PE 필름

버림 콘크리트
타설 및 양생

중심선 실측

거푸집 설치 및
철근 배근

전기·설비용
배관 인입

한 전기호스와 싱크대, 세면대, 욕실 등의 생활하수 배출용 배관을 설치한다. 이러한 준비 과정을 마친 후 콘크리트를 타설하고 양생하면 기초 공사가 마무리된다.

기초 콘크리트
타설, 미장, 양생

거푸집 해체 후

현장 실측이 필요한 골조공사

골조공사는 집의 외벽을 세우는 작업이다. 골조는 콘크리트, 나무, 철골, ALC 등 다양한 재료가 있는데 각 재료의 장·단점이 명확하므로 건축주가 선호하는 것을 선택하면 된다. 일반적으로 콘크리트와 나무를 가장 많이 사용하는데 우리는 콘크리트를 선택했다. 골조공사는 콘크리트가 흐르지 않고 원하는 강도가 나올 때까지 모양을 유지하기 위해 골조의 형틀인 거푸집을 짜는 공사다.

거푸집은 유로폼(거푸집을 규격에 맞춰 시공할 수 있는 가설자재)으로 짜여지는데 외벽에 유로폼을 세우고 단열재와 철근을 시공한 후 내벽 유로폼을 세워 거푸집을 완성한다. 거푸집에 콘크리트를 타설한 후 양생시키면 하나의 사이클이 완성되는데 층수에 따라 이 사이클은 반복된다. 우리 집은 1층과 다락으로 되어 있어 두 번 반복했다.

골조공사는 집의 뼈대를 만드는 작업이므로 콘크리트를 타설하기 전에 창문의 크기, 현관문의 높이, 환풍구 덕트 등의 위치가 도면에 표시된 치수대로 시공되었는지 반드시 확인해야 한다. 콘크리트를 타설한 후에는 수정하기가 어렵고 한 번 잘못된 시공은 이후 공정에 영향을 미칠 수 있고 현장에서 발생하는 모든 수정사항은 돈과 직결되기 때문이다.

자재 반입 후 유로폼을 세우고 단열재를 부착한다.

창호 모서리는
사진처럼 철근을
배근한다.

다락에서의
전기 사용을 위해
전기호스를 철근에
고정시킨다.

내부 유로폼을
설치해 거푸집을
완성한다.

골조공사를 하면서 단열에 신경을 많이 썼다. 단열 기준이 강화되어 기준대로만 시공하면 외풍 걱정은 안 해도 된다고 들었다. 하지만 외풍이 없는 집에 만족하지 않고 겨울철에도 반바지 차림으로 지낼 정도의 집을 원했다. 그래서 단열재와 단열재 사이 공간에까지 우레탄폼으로 밀실하게 채워야만 마음이 놓일 것 같았다. 그래서 135mm 단열재를 한 번에 시공하지 않고 콘크리트를 타설할 때는 50mm, 콘크리트를 타설한 후에는 85mm를 한 번 더 시공했다. 한 번에 할 일을 두 번으로 나눠 하니 당연히 시공비는 늘어났지만 최대한 기밀하게 단열시공을 했다는 만족감이 생겼다. 그 덕분에 단독주택이라면 조금씩은 다 있다는 외풍 걱정 없이 겨울철을 따뜻하게 보내고 있다고 생각한다.

시공비 증가가 두렵지만 단열만큼은 과감히 투자해야 한다. 단열이 잘되는 집은 여름에는 시원하고 겨울에는 따뜻해 여름철 냉방비와 겨울철 난방비와 연관된다. 냉·난방비로 돈이 나가는 것보다 차라리 단열 시공에 투자해 집의 에너지효율을 높이는 것이 더 바람직하지 않을까?

철근 배근,
콘크리트 타설 및 양생

거푸집 붕괴 방지를 위해
동바리로 고정한다.

1층과 똑같이 시공되는 다락

단열재 시공 완료

골조공사 완료 후

붉은 벽돌로 외장재 시공하기

　벽돌, 스타코, 사이딩, 대리석 등 외장재의 종류는 다양하지만 아내의 취향은 처음부터 분명했다.

　'붉은 벽돌'

　어릴 적 살던 집의 추억을 품고 살아온 아내가 집을 짓기 시작할 때부터 가장 많이 말한 것은 붉은 벽돌이었다. 외장재는 붉은 벽돌로 정해져 있었지만 벽돌의 종류가 너무 많은 것이 문제였다. 벽돌의 크기도 다양했을 뿐만 아니라 붉은 벽돌이라고 해서 모두 같은 색상도 아니었다. 그리고 무엇보다 아내의 '추억 속 집'에 사용했을 만한 벽돌을 선택하자니 예쁘지 않아 '붉은 벽돌'을 선택하는 것은 결코 쉽지 않았다. 이런 고민을 해결하기 위해 전원주택단지를 방문해 붉은 벽돌집만 보러 다녔다. 취향을 저격하는 집을 발견하면 벽돌 사이즈를 재보고 사진도 찍고 벽돌을 선택해야 했을 때의 사진들과 비교해가며 우리가 가장 원하는 사이즈와 색상의 벽돌을 발주했다.

　벽돌 시공은 시멘트와 모래를 섞어 바닥에 바르고 벽돌을 한 장씩 얹는 작업이다. 벽돌을 다 쌓으면 벽돌과 벽돌 사이 공간은 흔히 '메지'라는 줄눈작업을 한다. 줄눈제의 색상에 따라 집안의 느낌이 달라지므로 벽돌과 잘 어울리는 색상을 선택하면 되는데 나는 어두운 농회색(짙은 잿빛)을 선택했다. 벽돌과 줄눈은 수분을 흡수하는 성질이 있으므로 빗물의 내부 침투 예방을 위해 벽돌을 코팅하는 발수작업도 한다. 발수작업은 최초 시공 2~3년 경과 후 재시공해야 코팅 상태를 유지할 수 있

붉은 벽돌 시공

메지작업 전과 후

발수작업 중

코너부 메지는 두꺼워진다.

다는데 아직 그 시기가 오지 않아 기다리고 있다.

　벽돌 외장재는 예쁘긴 하지만 몇 가지 단점이 있다. 직각이 아닌 코너부는 미관상 예쁘지 않다. 시공이 완료된 상태에서 보면 사각형의 큰 덩어리들이 붙어 있는 느낌이므로 코너부 마감에 대해 고민해보기 바란다. 창틀 마감도 벽돌로 마감할 것인지, 창호로 마감할 것인지에 따라 공정이 바뀌므로 고민해보는 것이 좋다. 벽돌로 마감할 경우 벽돌을 먼저 시공해야 하고 창호로 마감할 경우에는 창호를 먼저 시공해야 한다.

붉은 벽돌과 어울리는 징크로 지붕 올리기

아스팔트 성글, 기와, 세라믹, 징크 등의 지붕 자재 중 외장재인 붉은 벽돌과의 조화가 중요해 가장 모던하면서 수명도 가장 길다는 징크를 선택했다.

지붕 시공은 청소로부터 시작된다. 지붕을 청소한 후 아연각관으로 틀을 만들고 그 위에 방수합판, 방수 테이프, 징크 순으로 시공한다. 이 세 가지는 모두 누수방지용으로 비가 오면 바깥에서부터 시공된 순서대로 빗물을 막아준다. 지붕을 시공할 때는 몰랐지만 주택에서 생활해 보니 아쉬운 부분이 하나 있었다. 지붕을 시공할 때는 빗물을 한군데 모아 우수관으로 흘려보내는 빗물받이도 함께 시공하는데 우리는 빗물받이를 현관에만 시공했다.

빗물받이 시공에 대해서는 시공사와 건축사마다 의견이 달랐다. 어떤 건축사는 빗물받이는 무조건 해야 한다고 했지만 또 다른 건축사는 벽에 빗물이 닿는 것은 똑같기에 빗물받이가 없어도 된다고 했다. SNS에서 빗물받이가 없는 집들이 깔끔해 보였기에 우리의 선택은 빗물받이 없이 시공하는 것이었다. 하지만 비가 내릴 때마다 빗물받이가 없는 지붕의 밑이 파이는 것을 보면서 '이래서 건축사가 빗물받이가 필요하다고 했구나'라는 생각을 한다. 반면, 빗물받이가 없어서 좋은 점도 있다. 바로 겨울철에 고드름을 볼 수 있다는 것이다. 비가 올 때는 없어서 아쉽지만 눈이 올 때는 없어서 좋은 것이 빗물받이다. 그래도 실용성을 따진다면 빗물받이 시공을 하는 것이 좋다고 생각한다.

아연각관 설치

가장 안쪽의 방수합판은 빗물을 3차로 방수한다.

방수합판 위에는 방수테이프를 씌워 2차 방수를 한다.

가장 외부의 징크는 빗물을
1차로 방수하는 역할이다.

빗물받이 없이 시공

기밀성이 중요한 창호 시공

우리는 따뜻한 집을 위해 단열 시공을 2중으로 했다. 하지만 단열을 신경쓰는 건축주라면 단열재보다 더 신경써야 할 것이 창호다. 창호를 제대로 시공해야만 집안의 기밀성(氣密性)이 높아지고 단열효과도 향상되기 때문이다. 창호 시공은 프레임을 콘크리트 벽에 고정한 후 벽과 프레임 사이 빈 공간을 우레탄폼으로 충진해 외부와의 공기 흐름을 완벽히 차단하는 것이다. 시공사의 시공 역량은 벽과 프레임 사이에서 발생하는 공기의 틈새를 얼마나 잘 차단하느냐에 달려 있다.

우리는 처음부터 시스템 창호를 원했다. 시스템 창호를 선택한 이유는 기밀성이 뛰어나다는 점과 창문의 상부만 15° 기울 수 있어 창문을 열어놓고 외출할 수 있기 때문이다. 주위에서 시스템 창호의 높은 가격과 2중창 대비 얇은 프레임(88mm) 때문에 반대도 많았다. 하지만 창호 성능만 보면 기밀성은 시스템 창호가 우수했고 단열 관련 시공에는 과감한 투자를 해야 한다고 생각했기 때문에 무조건 시스템 창호였다. 시스템 창호는 시공 방법이 까다로워 전문 시공업체에 맡겨야 한다. 그래서 인터넷을 검색하며 좀 비싸더라도 정석대로 시공하는 업체라고 판단한 곳과 계약했다. 결과적으로 창호를 선택하는 과정에 많은 난관이 있었지만 시공 품질은 매우 만족한 공정이다.

실제로 생활하면서 3중유리 선택을 정말 잘했다고 느낀다. 창호를 선택하면서 유리창도 결정한다. 유리창은 2중유리와 3중유리 둘 중에서

자재 입고

창틀 주위 공간은 폼으로 메운다.

프레임 설치

창호 주위 공간은 폼으로 메워 기밀성을 높인다.

창호 시공 후 창문으로 바라본 바깥 풍경

고민했는데 이 둘의 단열효과는 별로 크지 않지만 방음 차이가 매우 큰
데 아파트에서 층간소음으로 스트레스를 받았기 때문에 3중유리를 선
택했다. 실제로 생활하면서 3중 유리를 선택하길 정말 잘했다고 느낀
다. 아이들이 소리지르고 웃고 떠드는 소리가 새어나가지 않아 이웃에
게 피해를 주지 않고 집에서 가족 노래방이 열릴 때 집안의 모든 창문
을 닫으면 바깥에는 전혀 들리지 않을 만큼 방음이 잘되기 때문이다.

내부공사의 시작은 방통

창호를 마지막으로 외부공사를 마치고 방통으로 내부공사를 시작한다. 방통은 '방바닥 통미장'의 줄임말로 바닥에 난방배관과 수도배관을 설치한 후 콘크리트를 타설하고 미장해 실제로 생활하는 바닥의 높이가 결정되는 공종이다.

모든 공사의 시작은 청소다. 특히 마감공사는 다시 뜯을 수 없으므로 깨끗이 청소해야 한다. 바닥을 청소한 후 바닥에 단열재를 시공하고 수도배관을 설치한 후 물과 시멘트를 섞은 기포 콘크리트를 타설하고 양생한다. 그 위에 균열을 조금이나마 방지하기 위해 와이어 메쉬에 XL 파이프(난방배관)를 철사를 이용해 고정시킨다. 콘크리트를 타설하고 방바닥 전체를 미장하면 방통이 끝난다.

방통은 공사 자체 기간보다 시멘트와 콘크리트 양생(굳히기) 때문에 오래 걸렸다. 양생은 온도의 영향을 많이 받는데 시공 당시 날씨가 갑자기 추워져 기포 콘크리트 1주일, 방통 1주일, 총 2주 동안 양생만 했다. 아파트에서 살 때는 드레스룸이 사람이 생활하는 공간이 아니다 보니 난방비라도 절약할 생각에 보일러 밸브를 잠근 채 생활했다. 집을 짓고 생활하다 보면 드레스룸과 같이 난방이 불필요한 공간이 있을 수 있다. 난방이 불필요한 곳의 보일러 밸브를 잠그기 위해서는 XL 파이프(난방배관)를 분리해 시공해야 한다. 난방을 자주 하는 곳과 자주 하지 않는 곳에 맞춰 XL 파이프를 분리시공해 경제적으로 보일러를 가동하

바닥 청소

바닥 단열재 시공

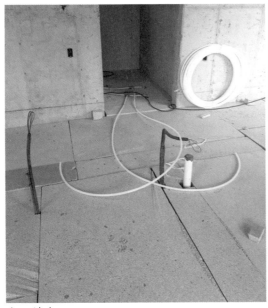

수도 설비

기포 콘크리트 타설 및 양생

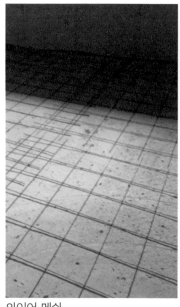

와이어 메쉬

XL 파이프

콘크리트 타설 및 양생

완료된 모습

방통 전에 문틀도 설치해두자.

문턱 없는 화장실

는 것이 난방비를 줄이는 방법이다.

문턱이 없는 문이 깔끔하면서도 생활하는 데 편하다. 문턱이 없는 문을 시공하기 위해서는 XL 파이프를 시공할 때 문틀도 함께 시공하는 것이 좋다. 방이나 드레스룸은 방통 후에도 문턱이 없는 문틀을 시공할 수 있지만 욕실이나 화장실과 같이 물을 사용하는 곳은 문턱을 반드시 시공해야 한다. 그러지 않으면 문틈을 통해 물이 밖으로 흥건히 흐를 수 있기 때문이다. 문턱의 최상단 높이를 화장실문 바깥쪽의 방통 마감선에 맞춰 미리 시공해두면 욕실이나 화장실에도 문턱이 없는 문을 만들 수 있다.

기포 콘크리트는 과설계한 것 같아 아쉬움이 남는다. 다시 집을 짓는다면 기포 콘크리트는 생략하고 싶다. 기포 콘크리트는 소음차단이나 단열효과가 있다. 하지만 바닥에 단열재를 시공했고 층간소음을 걱정할 필요도 없기 때문에 필수 공정은 아니라고 생각되기 때문이다. 기포 콘크리트 시공을 안 했으면 돈과 시간을 아꼈을 거라는 아쉬움이 남는다.

실제 생활공간을 만드는 목공작업

목공작업은 방과 방 사이에 가벽을 세우고 석고보드로 벽과 천장을 만들고 문틀, 중문, 계단을 설치해 집의 공간을 나누는 공정이다.

먼저 벽은 마감의 종류에 따라 시공법이 달라진다. 도배할 경우, 석고보드 한 장만 시공해도 되지만 도색할 경우에는 벽체가 가진 힘이 약해 석고보드와 석고보드 사이에서 크랙이 발생할 수 있으니 석고보드 두 장으로 시공하는 것이 좋다(석고보드 한 장과 합판으로 시공하기도 한다). 우리는 마감이 도색이어서 석고보드를 두 장으로 시공했다. 맨 먼저 벽과 석고본드의 접착성을 높이기 위해 몰타론을 벽에 바른다. 석고보드에 석고본드를 떡같이 붙여 한 장을 설치하고 그 위에 목공본드로 한 장

석고보드 입고

석고본드로 석고보드 시공

천장 시공

천장 시공 완료

가벽 중심선 표시 및 시공

벽에 단열재 시공

주택의 '로망' 계단 시공

시스템에어컨과 점검구 타공

중문

창문틀

방문

걸레받이 시공

더 시공해 벽을 만든다.

천장은 시스템에어컨, 실링팬, 전등 등 무거운 것을 고정시키기 위해 합판과 석고보드로 시공했다. 시스템에어컨을 설치한다면 천장에 에어컨과 에어컨 점검구를 타공해 놓아야 한다. 방과 방 사이에는 가벽을 세우기 위해 바닥에 기준선을 표시한다. 기준선에 맞춰 벽체를 세우고 벽체 사이에 단열재를 채우는데 이 단열재는 단열보다 벽과 벽 사이 공간을 채워 벽을 튼튼히 만드는 것이 목적이다.

'내부공사의 꽃'이라고 부르는 계단도 시공한다. 단독주택은 2층 생활에 대한 로망 때문에 대부분의 집에 계단이 설치되는데 아이가 있는 집일수록 계단은 필수라고 생각된다. 집에 놀러오는 아이들이 맨 먼저 향하는 곳이 계단이고 가장 재밌던 놀이를 물어보면 계단이라고 대답할 만큼 가장 이색적인 공간이 된다.

목공작업은 창틀 마감, 방문, 걸레받이 등 최종 마감 전의 모든 것을 준비하는 작업이어서 우리 생활과 밀접한 연관이 있고 내부를 벽으로 분리하는 것이므로 생활하는 데 불편함을 느끼게 하면 안 된다. 목공작업 전에 우리 가족의 생활 패턴이 잘 반영되었는지 점검하자. 나는 목공작업에서 시공비를 많이 아낄 수 있었다. 큰아버지의 전문 분야여서 인력과 장비 조달이 쉬웠고 큰아버지께서 직접 시공하신 부분도 많아 기술적, 경제적으로 가장 만족스러운 공정이었다.

변기부터 정화조까지
배관을 설치하는 설비작업

　설비는 우·오수관, 수도배관, 난방배관, 환풍기 덕트 등의 배관을 시공하는 공종이다. 그렇다 보니 기초공사부터 화장실 변기 설치까지 전체 공기에 계속 투입되어야 하므로 지역 업체를 선택할 것을 권한다. 설비시공은 현장에서 하루 종일 작업하는 것은 아니므로 필요한 시점에 투입되어야 한다. 기초와 골조에 철근을 배근할 때, 난방배관을 설치

장비를 효율적으로 활용하자.

할 때, 현장에 포크레인 장비가 들어왔을 때 설비시공을 했다.

우리 설비 사장님은 정화조 시공까지 담당해주었다. 정화조 설치 여부는 지역마다 차이가 있지만 우리 집은 정화조를 설치해야 했다. 정화조 시공 순서는 '굴착 - 정화조 설치 - 각종 배관 연결 - 되메움' 순으로 진행된다. 정화조 시공에는 하루 사용료가 50만 원인 포크레인을 사용하지만 실제 시공은 몇 시간이면 끝나기 때문에 하루에 50만 원이나 지불한 장비를 정화조 시공만 시키고 돌려보낼 수는 없다. 그래서 정화조 시공 외에도 인력으로 하기 힘든 대지 정리, 앞마당이나 수영장에 사용할 수도배관 시공을 위한 터파기 등을 미리 계획해 두었다가 포크레인이 투입되었을 때 한 번에 작업해야 한다.

내가 계약한 설비업체는 각종 배관, 정화조뿐만 아니라 도기류 설치와 보일러 설치까지가 계약 범위였다. 설비는 업체마다 시공할 수 있는

도기류 설치

보일러 설치

범위가 다르므로 계약하기 전에 시공사가 할 수 있는 공사 범위를 확인해야 한다. 그리고 무엇보다 골조공사와의 협업이 중요하므로 골조업체로부터 설비업체를 추천받는 것도 시공사 선정의 팁이다.

정화조 시공

집의 분위기를 연출하는 전기공사

전기를 사용하기 위한 전선관은 벽 안으로 들어가지만 콘크리트 타설을 할 때부터 전선관을 시공하진 않는다. 스위치나 콘센트 위치에 사각박스와 전기호스를 미리 매설한 후 전선관을 시공한다. 그래서 전기 시공을 할 때는 전선관이 잘 매입되었는지 확인하는 것이 아니라 사각박스가 도면에 표시된 대로 시공되었는지 확인해야 한다. 사각박스를 설치하고 콘크리트가 타설된 후에는 수정하기가 어렵다. 우리 집의 경우, 기초바닥부터 마룻바닥까지 300mm의 높이차가 있었는데 시공사에서 도면을 확인하지 못해 콘센트 위치가 도면보다 200mm 낮게 시공될 뻔했다. 그때 발견하지 못했다면 바닥에 붙은 콘센트를 이용할 뻔

사각박스와 전선관

했다.

골조공사가 끝난 후에는 스위치나 콘센트 위치의 사진을 찍어두는 것이 좋다. 석고보드 작업 후 스위치나 콘센트 주위는 타공해놓아야 하는데 석고보드를 그대로 뒤덮었다. 전기 콘센트는 도면에 표시되지 않고 현장에서 즉흥적으로 추가한 곳이 많아 도면으로 확인하는 데 한계가 있었다. 그렇다고 시공이 완료된 석고보드를 뜯어낼 수도 없었다. 그때 콘센트 위치의 사진을 찍어두지 않았다면 애를 먹었을 것이다.

전기공사를 하면서 분전반과 계량기함을 어디에 설치할지 생각해두어야 한다. 일반적으로 우리가 알고 있는 '두꺼비집'이 분전반인데 과거에는 분전반이 신발장 안에 있어도 문제가 없었다. 하지만 법이 개정되

내부 인테리어를 하기 전에 콘센트의 위치를 사진찍어두자.

어 신발장 안이 아닌 외부에 노출시켜야 하는데 우리 집에 설치된 분전
반이 너무 커 자리가 애매했다. 어쩔 수 없이 눈에 잘 띄는 현관에 설치
했는데 잘 안 보이는 곳에 설치하지 못해 아쉽다.

계량기함은 한국전력 검침원이 매월 전기사용량을 검침하기 위해 건
물 외벽의 전기계량기함을 쉽게 확인할 수 있는 곳에 설치되어야 한다.
하지만 우리는 시스템에어컨 실외기의 위치가 바뀌면서 계량기의 전면
을 막아버리고 말았다. 이를 보고 검침원이 매월 검침하기 불편하다고
하소연하지만 어쩔 수가 없다. '시공하기 전에 30cm만 높게 시공했더
라면 좋았을 텐데'라는 아쉬움이 남는다.

전기시공은 열흘가량 걸렸다. 하지만 열흘 연속으로 한 것이 아니라

현관에 설치된
분전반

매립형 전등 시공을 위해 1m씩 타공

매립형 전등 설치

집에 불이 들어오다.

골조공사, 목공작업 등의 다른 공종과 협업해 틈틈이 작업했다. 그렇다 보니 현장에 가장 많이 방문한 업체는 전기업체였다. 전기업체만큼 비정기적으로 방문한 업체도 없다. 그래서 현장에 자주 방문할 수 있는 지역 업체로 선정하는 것이 좋다. 전기공사는 전등에 불이 들어오면서 끝난다. 전등을 설치한 후 집 전체에 불을 켜보면 집의 분위기를 느낄 수 있다.

화장실과 욕실의 완성은 타일작업

　요즘은 타일이 보편화되어 거실 벽, 바닥에도 많이 시공되지만 집을 지을 때 물을 사용하는 곳(화장실, 욕실, 다용도실, 주방)과 사용하지 않는 곳(방, 드레스룸)을 나눠보면 타일은 물을 사용하는 곳에 시공된다. 타일 시공 전에 미장작업과 방수작업을 진행한다. 미장은 타일의 크기에 따라 작업 방법이 다른데 큰 타일은 미장 후 빗자루로 미장 면을 긁으면서 거칠게 하고 작은 타일은 매끈하게 한다. 큰 타일은 타일 뒷면에 시멘트 본드를 떡같이 붙여 시공하고 작은 타일은 벽면에 압착본드를 발라 시공하므로 미장도 다르게 시공하는 것이다. 미장작업이 끝나면 누수방지를 위해 방수작업을 한다.

타일은 자재 선정이
어렵다.

타일 시공 후에는 줄눈(메지)작업을 한다. 줄눈의 색상에 따라 인테리어 분위기가 많이 바뀔 수 있는데 화장실 두 곳을 같은 타일에 줄눈 색상만 다르게 시공해보았다. 같은 자재이지만 흰색과 회색 줄눈의 차이는 확연했다. 메지 하나로 다른 느낌의 공간을 만들 수 있다. 타일은 시공보다 자재 선정이 어려웠다. 인스타그램이나 핀터레스트를 검색하면 비싼 것만 눈에 띄므로 자재의 가성비보다 비싸고 예쁜 것에 현혹될 수 있다. 하지만 주머니 사정이 그리 넉넉하지 못하니 현실과 타협할 수밖에 없다.

작은 타일용 압착본드

타일 메지

오른쪽 면은 큰 타일을 붙이는 거친 면이고
왼쪽 면은 작은 타일을 붙이는 매끈한 면이다.

벽과 바닥의 마감재 시공

비염이 심한 아내는 도배와 장판을 새로 한 전셋집에 입주할 때마다 코가 막히고 콧물이 흐르고 재채기를 달고 살았다. 그래서 설계할 때부터 결심한 벽과 바닥 마감재는 무조건 친환경 자재였다. 벽과 천장은 친환경 수입 페인트, 바닥도 친환경 자재인 마모륨으로 시공했다. 하지만 설계 도면에는 시공비를 조금이라도 아끼기 위해 벽은 페인트, 천장은 도배로 계획했다.

그러던 중에 벽은 페인트, 천장은 도배한 지인의 집을 방문해보니 시간이 지나면서 천장 도배지가 변색되어 똑같은 흰색이라도 벽과 천장의 색상 차이가 나는 것을 알게 되었다. 그래서 직영공사를 하면서 아껴둔 공사비로 집 전체를 페인트로 마감했다.

페인트 시공에서 중요한 것은 퍼티다. 퍼티는 페인트를 시공할 수 있도록 벽면의 바탕을 만드는 작업으로, 목공작업을 하면서 생긴 못 자국이나 석고보드와 석고보드의 이음 부분만 메우는 줄퍼티와 벽면 전체를 퍼티하는 올퍼티가 있다. 줄퍼티와 올퍼티는 시공 가격차가 있지만 줄퍼티를 할 경우, 퍼티를 한 곳과 하지 않은 곳의 두께 차이 때문에 시공품질에 만족하지 못할 것 같아 올퍼티로 했다.

도색은 창문, 방문, 스위치 등이 설치된 상태에서 진행되므로 페인트가 벽체 이외에 묻는 것을 방지하기 위해 보양작업을 한다. 비닐과 테

줄퍼티와 올퍼티

보양작업

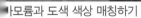

마모륨과 도색 색상 매칭하기

마모륨 시공

123

이프로 집 전체를 포장한 후 도색한다.

마모륨은 해외에서 수입되는 자재인데 재고가 없는 경우, 해외에서 입고될 때까지 최소 3개월 이상 걸린다고 들었다. 그래서 내부공사를 시작하자마자 자재를 선점하기 위해 현장을 실측한 후 바로 계약했다. 마모륨과 같은 바닥 마감재를 시공할 때 가장 중요한 것은 바닥의 온도다. 차가운 바닥보다 따뜻한 바닥에서의 품질이 훨씬 높으므로 공사 전에 바닥을 난방한다. 시공사가 현장에 도착하면 난방을 시작해 바닥이 따뜻해질 때까지 글라인더로 바닥을 평탄화하거나 청소를 한다. 바닥이 따뜻해지면 마모륨을 시공한다.

가족과 함께 만드는 앞마당 조경

집 설계는 땅 가장자리부터 하라는 말이 있다. 땅 가장자리의 쓰임새를 염두에 두어야 한다는 말인데 생활해보니 맞는 말이었다. 집을 짓는다고 하면 흔히 건물만 생각한다. 하지만 단독주택에서 생활해보니 마당에 잔디를 심고 텃밭과 화단을 가꾸며 보내는 시간이 대부분이다. 그래서 마당의 쓰임새가 중요하다.

집을 공사할 때 텃밭용 수도를 만들고 창고 자리에 기초공사를 하고 수영장용 수도와 배수시설을 설치하는 작업은 간단하다. 하지만 집이 완성된 후에는 시공하기 어려울 뿐만 아니라 돈도 많이 들어가므로 집을 공사하면서 마당 사용 계획에 맞추어 필요한 설비를 미리 시공해두자.

우리 집 조경공사는 우리 부부가 직접 했다. 집을 짓기 전 모든 공사는 시공사에 맡겨야만 하는 것으로 생각했지만 조경만큼은 건축주가 직접 해도 큰 문제가 없다고 생각한다. 조경공사라고 특별히 거창할 필요도 없다. 잔디를 심고 좋아하는 꽃과 나무만 심으면 끝이다. 우리 가족이 직접 심은 나무들이 커가는 것을 지켜보는 것도 나름의 재미다. 아빠가 땅을 파고 엄마가 나무를 심고 아이들은 물을 주고 땅을 다진다. 우리 가족의 손으로 만들어 돈도 아끼고 운동도 되고 추억까지 쌓이니 이만큼 재밌고 즐거운 공사도 없다.

이제 모든 시공이 끝났고 준공신청을 할 순서다. 착공부터 준공신청까지 147일이 걸렸다. 땅 구매에 1개월, 설계에 5개월, 시공에 147일. 1년 동안 집을 지었고 드디어 준공신청을 할 수 있게 되었다.

가족과 함께 만드는 앞마당

4부

준공과

입주

드디어 준공허가가 나오다

준공하기 위해서는 지자체에 준공신청을 해야 하는데 건축사와의 계약이 준공신청까지였기 때문에 우리는 서류를 준비해 건축사에게 넘기기만 하면 되었다. 준공서류 목록과 증빙자료는 다음 페이지에 있다.

건축사와 건축주가 준비해야 하는 준공서류 사항은 다르다. 내가 직접 서류를 준비했던 경험담을 말해보겠다. 내 집에 사용된 철근, 창호, 단열재, 콘크리트, PE 필름은 납품확인서 및 납품업체 관련 서류를 준비해야 한다. 배수설비는 집에서 배출되는 생활폐수와 각종 오물을 제대로 처리하기 위해 배수설비 자격을 갖춘 업체가 공사용 도면을 작성해 지자체의 인·허가 승인을 받아야 한다. 인·허가 승인을 받아야 하므로 자격을 갖춘 업체에서만 배수설비를 진행할 수 있고 지자체의 승인을 받은 인·허가 자료를 제출하면 된다.

도로명 주소도 집에 부착되어 있어야 한다. 일반적으로 알고 있는 파란색 바탕의 표지판 대신 자율형 도로표지판을 설치했다. 자율형 도로표지판 신청서와 도로표지판 도면을 지자체에 제출하면 이색적이고 독

특한 표지판을 설치할 수 있다. 도로표지판이 보이는 전경 사진을 촬영해 제출하면 된다.

주차장은 2.5m×5m 이상의 주차장에 20cm 이상의 두께로 주차 라인을 표시하면 된다. 주차장을 만들 때 노끈으로 주차 라인을 만들어도 된다는 말을 주위에서 들었지만 건축사는 페인트로 라인 마킹을 해야

	준공 항목	증빙자료
건축사	준공도서	설계변경도서, 건물 전경 사진
	사용승인조사 및 검사조서	협회 신고
	건축물대장	건축물대장(갑)
건축주	철근	납품서, 시험성적서, 사업자등록증, 공장등록증, 카탈로그, KS자재인증서
	창호, 유리	
	단열재	
	콘크리트	
	PE 필름	
	배수설비	상·하수건설업등록증, 상·하수사업자등록증, 하수건설업 수첩, 배수설비 도면, 공사 사진
	도로명 주소 건물표지판	도로명 주소 부착 전경 사진
	준공 항목	증빙자료
건축주	주차장	주차장 라인이 마킹된 전경 사진
	전기	사용 전 검사확인증
	온수·온돌 난방설치확인서	온수·온돌 설치확인서, 완성검사증명서
	소방	소화기 및 가스검지기 설치 사진
	폐기물처리확인서	폐기물처리비납부영수증
	고용, 산재보험	고용산재보험납부증명서
	절수설비	납품확인서, 설치확인서, 친환경자재인증서

한다고 말했다. 준공신청은 건축사가 하는 것이니 건축사의 요구대로 페인트로 라인을 마킹한 후 전경 사진을 제출했다.

전기는 한국전력이 발급한 사용 전 검사확인증을 제출하면 되며 온수·온돌 난방설치확인서는 보일러 설치업체로부터 받으면 된다. 보일러를 설치한 후에는 한국가스안전공사에서 집을 방문해 보일러 설치를 확인한 후 발급하는 완성검사증명서도 제출한다. ABC 소화분말기, 자동확산소화기, 가스누설경보기, 단독경보형감지기 등의 소방시설은 도면에 표기된 대로 현장 비치 사진을 제출하면 된다. 폐기물과 고용산재 보험은 납부확인서나 납부증명서를 준비하면 된다.

준공서류 준비는 막막해 보이지만 업체에 전화해 서류만 챙기면 되므로 어려운 일은 아니다. 다만 서류를 제대로 주지 않거나 공사 기간 도중 파산한 업체들이 있을 수 있다. 이런 경우, 준공서류 준비가 매우 어려워지므로 자재를 납품받을 때부터 챙겨두는 것이 좋다. 준공서류를 제출하면 지자체가 임명한 감리자가 방문해 도면대로 시공되었는지 검증한다. 감리자의 현장검증 후 준공허가가 나면 그때부터 주택에서 공식적으로 거주할 수 있다.

집을 짓는 데 147일이 걸렸다. 힘들다면 힘들고 고통스럽다면 고통스러운 순간이었지만 준공허가가 나면 힘들었던 순간은 잊혀지고 내 손으로 집을 지은 것이 실감난다. 이제 내 손으로 지은 집으로 이사해 행복하고 재밌게 사는 것만 남았다.

'내돈내산' 공사비 내역 정리

콘크리트 주택은 평당 600만 원이라고 들었지만 시공사 견적은 900만 원이었다. 우리 콘크리트 주택은 얼마나 들었을까? 그래서 집을 짓는 데 소요된 비용을 공개한다. 다음 비용은 내가 공사를 하면서 계약한 업체별로 분류했고 자재비가 포함된 경우는 별도로 표기했다.

	항목	금액	비고
공종별	골조	53,987,400원	단열재, 콘크리트, 철근 자재비 포함
	창호	21,078,200원	자재비 포함
	외장재	34,606,500원	줄눈작업 + 발수, 벽돌 자재비 포함
	지붕	15,000,000원	징크, 자재비 포함
	미장	11,883,000원	기포 + 방통, 타일 자재비 포함
	내부 인테리어	17,650,000원	가족 시공
	설비	6,300,000원	급수 + 설비 + 정화조
	전기	10,559,780원	전기 + CCTV, 전등 자재비 포함
	데크	4,600,000원	석재
	마감재	15,634,000원	도색 + 마모륨
사용처별	재료비	49,207,600원	지역 건재상을 이용함
	장비비	5,200,000원	포크레인 + 덤프트럭 + 펌프카
	가구 및 가전	20,790,000원	인덕션 + 식기세척기 등
	세금	4,216,630원	취등록 + 산재고용보험료 등
	기타 경비	5,982,720원	폐기물 + 이사비용 등
결과	합계	276,695,830원	1층 33평 + 다락 12평
	평 단가	6,148,792원	45평 기준

공사용 도면이 완성되고 시공사로부터 받았던 견적금액은 3억 원이 조금 넘었다(VAT 제외). 하지만 이 금액은 다락과 부대비용이 제외되었으므로 집 전체 견적은 최소 4억 원 이상으로 추산된다. 나는 4억 원의 견적금액을 약 2억 8,000만 원에 시공했고 그 결과, 약 1억 2,000만 원을 절약할 수 있었다. 시공비에 세금, 가구, 가전, 이사까지 전체 비용을 포함했기 때문에 집을 짓는 데만 실제로 들어간 돈은 이보다 적을 것이다. 게다가 이 비용에서 토지구매비용, 설계비용은 제외되었는데 땅 구매부터 이사까지 전체 비용을 합치면 약 4억 5,000만 원으로 200평 대지에 33평 집을 지을 수 있었다.

공사지역, 시공업체 이윤에 따라 시공비는 다르며 같은 집을 짓더라도 지인 할인, 현금 할인 등의 할인율이 다르므로 공사금액은 다를 수밖에 없다. 집 짓는 데 들어간 비용이 참고자료가 되길 바란다.

집을 짓는 데 돈이 부족하다면 은행을 적극 활용해야 한다. 우리 부부는 처음에는 돈을 모아 집을 지을 계획이었지만 중간에 대출을 받을 생각으로 바꾸지 않았다면 집도 못 짓고 돈만 모으다가 끝났을지도 모른다. 자재비와 인건비는 매년 오르므로 집 짓는 시기가 늦어질수록 그만큼 더 모아야 하기 때문이다. 10년을 기약하며 모았는데 정작 10년 후 자재비와 인건비가 올라 또 다시 10년 동안 모아야 할 수도 있다. 그럼에도 돈이 부족하다면 평수를 줄이거나 층고를 낮추거나 저렴한 자재로 바꾸어 건축비를 줄일 수밖에 없다. 건축비용이 가장 쌀 때는 지금 오늘이다. 미래자본으로 집을 지어라. 미래에서 잠시 빌려온 자본이 삶의 만족도를 더 높여줄 것이다.

주택으로 이사 온 후 달라진 점

아파트에 살 때는 아파트가 좋았다. 조금만 걸어나가면 마트, 약국, 병원 등의 편의시설을 이용할 수 있고 밥하기 귀찮으면 배달시켜 먹고 난방비 걱정도 없이 겨울을 보낼 수 있었다. 하지만 아내의 생각은 달랐다. 아내는 아파트를 '창살 없는 감옥'이라고 표현한다. 사방이 막혀 따뜻하다는 내 생각과 정반대로 사방이 막혀 감옥으로 생각한다.

사실 아이들을 키우다 보면 아파트가 감옥처럼 느껴질 때도 있다. 아이 울음소리가 집 안을 채우고 계속되는 울음소리에 스트레스만 늘어난다. 따뜻해야 할 집안 분위기가 차가운 콘크리트 벽처럼 차가워지기 시작하고 온순했던 사람이 사납게 돌변한다.

아파트 생활은 자유가 없었다. 층간소음 때문에 아이들은 뛰지도 못하고 늦은 밤에는 피아노도 못 치고 물건을 바닥에 내려놓을 때도 쿵쾅거리지 않도록 살살 내리고 의자를 뺄 때도 소리가 안 나도록 조심해야 했다. 내 집이지만 자유가 없는 공간이었다. 자유가 없는 공간에서의 생활은 감옥과 같았다. 우리는 창살 없는 감옥에서 계속 살아야 할까?

단독주택으로 이사한 후 가장 좋은 점을 묻는다면 나는 '아이들이 층간소음 신경을 안 쓰고 마음껏 뛰어놀 수 있는 공간'이라고 대답한다. 몇 개월 단독주택에서 살아보니 아이들은 정말 신나게 뛰어놀았다. 때마침 코로나가 발병하던 시기에 이사를 오면서 코로나 시국에도 마스크 없이 마음껏 뛰놀 수 있는 집에 고마움을 더 느낀다. 개방된 공간이 아이들의 정서발달과 사고발달에 도움이 된다고 들었는데 그 말의 참 뜻을 알 것만 같다.

놀고 있는 아이들의 모습을 보며 만족스러운 하루하루를 지내보니 단독주택으로 이사 온 후 내 삶의 가치관이 바뀐 것을 느낀다. 아파트에서 생활할 때는 햇빛이 주는 이점을 제대로 알지 못했다. 베란다에 나가 햇빛을 보는 대신 소파에 누워 핸드폰을 보거나 TV를 시청하는 것이 좋았다. 그런데 주택으로 이사 온 후로는 햇살 좋은 날이면 마당에 멍하니 앉아 있다. 핸드폰은 무음으로 해두고 아이들과 함께 마당에 있다 보면 진정한 휴식이 무엇인지 깨닫는다. 마당에서 아무것도 안 하고 멍하니 있는 것, 진정한 휴식의 의미를 단독주택에서 찾았다.

주택의 또 다른 장점은 언제든지 산책할 수 있다는 점이다. 산 아래 마을에서 살다 보니 산책로가 잘 정비되어 있어 아침저녁 산책하기에 너무 좋다. 등원하기 전에 산책하고 싶다면 집에서 10분가량 일찍 나와 마을을 한 바퀴 산책한 후 등원한다. 아이들에게는 이런 산책도 놀이 중 하나다. 자동차 소음 대신 새 소리를 듣고 자동차 매연 대신 뒷산의 깨끗한 공기를 마시고 차들로 위험한 도로 대신 산책로에서 산책할 수 있다. 자연과 함께 하는 환경이 나를 건강하게 만든다.

심리적으로 큰 안정감을 찾았다. 자연을 구경하기 위해 멀리 나갈 필요가 없고 틈날 때마다 마음껏 산책할 수 있는 환경이다. 도시에서 여유 없이 치열하게 살았다면 여기서는 휴식과 여유가 있다. 이런 여유에서 오는 안정감이 내 삶을 더 풍요롭게 만들고 있다. 그래서 지금 거주하는 이 공간이 내게는 무척 소중한 공간이 되었다.

Blossom House

이름은 인격을 부여하는 동시에 가장 친근한 애정 표현이다. 우리 집에 애정을 갖고 싶어 이름을 지어주고 싶었다. 세 아이의 이름은 내가 직접 지었다. 그래서 이름을 짓는 것을 어렵지 않게 생각했는데 막상 지어보니 역시 어려웠다. 인터넷의 힘을 빌려 검색해보았지만 마땅한 이름이 없었다.

나에게 집이란 가족구성원 모두 편히 쉬는 곳이다. 집이라는 공간이 선사하는 아늑함을 우리 부부뿐만 아니라 아이들도 느끼길 바랐다. 사회적, 경제적으로 힘들고 지칠 때 집 생각만 하면 힘이 솟는 그런 곳이면 좋겠다. 이런 내 생각이 함축된 의미이길 바랐다.

우리가 사는 마을의 가로수가 벚꽃이어서 우리 가족의 미래와 벚꽃을 연상시키고 싶었다. 특히 봄철 벚꽃이 흩날리는 아름다운 모습이 아이들의 추억 속에 오래 남길 바랐다. 이런 이미지를 바탕으로 우리 집 이름을 지었다.

'BLOSSOM HOUSE'
'매년 꿈과 희망이 피고 지면서 삶이 풍요로워지는 공간'

이름을 짓고 나서 큰아이에게 집 이름이 예쁘지 않냐고 물어보았다. 하지만 큰아이가 "그게 뭐야?"라고 묻길래 내 생각을 그대로 말했더니 재미없다며 관심 없는 눈치다. 집에 이름을 짓는다는 것은 이처럼 누군가에게는 큰 의미가 될 수 있지만 다른 누군가에게는 무의미한 짓으로 보인다. 하지만 한 가지 분명한 것이 있다. 벚꽃철마다 벚꽃이 흩날리는 집에 대한 추억을 가질 수 있다는 점이다.

우리 집 이름을 기억하라고 아이들에게 말하진 않는다. 다만, 희로애락을 겪은 어린 시절의 추억이 담긴 집에서 살았다는 것을 느끼도록 해주고 싶을 뿐이다. 이런 내 소망대로 살아가는 것이 진정한 의미의 'Blossom House'다.

우리집 앞마당은 매년 벚꽃이 피고 진다.

에필로그

"좀 누추하더라도 내 앞마당이니 앞에 나가 둘러보고 싶어요."
우연한 기회에 우리 가족이 출연했던 TV 프로그램 「SBS 스페셜, '내 아이 어디서 키울까?'」에서 아내는 이렇게 말했다.

"아이가 셋이다 보니 육아가 정말 힘들어요."
아이 셋을 놀이터에 데려가면 첫째는 미끄럼틀, 둘째는 그네, 셋째는 시소를 타자고 하니 내 몸이 세 개라면 좋겠다고 생각했다. 게다가 육아로 지친 마음을 힐링할 공간은 아파트 어디에도 없었다. 그것이 아내가 손바닥만한 마당이라도 갖고 싶어한 이유다.

지금 우리 집 앞마당은 아내의 소망보다 훨씬 큰 약 100평이다. 장인 장모님이 땅을 사실 때부터 앞마당에 농작물을 심으실 계획이어서 밭은 내드리고 아내의 소망대로 짜투리 땅에 화단을 조성했다. 나는 이름도 모르는 꽃들을 심어 가꾸면서 아내는 육아로 지친 몸을 힐링한다.

아내에게 힐링할 공간이 생겼다면 내게는 밭일이 생겼다. 팔자에도 없는 농사를 단독주택에서 하고 있다. '농사 도사' 장인 장모님의 지휘 하에 밭을 갈고 거름을 주고 이랑과 고랑을 만들고 그 위에 상추, 깻잎, 고추, 오이, 감자, 양파 등 가족의 식탁을 책임질 각종 채소를 심는다. 그래도 우리 집 텃밭에서 자란 채소를 먹으며 사는 것만큼 건강한 삶도 없을 것이다.

손바닥만한 텃밭이면 충분한데…

주택으로 이사 와 좋은 점을 아이들에게 물어보았다. 큰아이는 밤늦게 피아노를 칠 수 있는 것, 둘째 아이는 복도에서 달리기하는 것이라고 대답하고 셋째 아이는 그냥 '씨익' 웃는다. 다섯 식구가 단독주택에서 좋아하는 것은 모두 다르지만 한 가지 공통점이 있다. 마당이 있는 집에서 함께 웃고 떠들고 놀면서 재밌는 추억을 쌓고 있다는 것이다. 이런 일상의 추억과 함께 지낼 수 있는 데서 살 수 있다는 데 감사할 따름이다.